いろんな人がこの場所に来る理由をつくるために、
ここでお店を開こうと思ったのです。

山の上のパン屋に人が集まるわけ

サイボウズ式ブックス

はじめに

長野県、東御市《とうみし》にある御牧原《みまきはら》台地。

南に八ヶ岳、西に北アルプス、北には浅間連山、東には奥秩父の山々。ぐるり360度、大パノラマが広がる場所。

私はこの山の上で、2009年から「わざわざ」というパンと日用品の店を営んでいます。「わざわざ来てくださってありがとうございます」という意味を込めて名付けたお店です。

2019年には、「わざわざ」から車で10分ほどの場所に「問《とう》tou」というお店を、2023年には、コンビニ型店舗の「わざマート」をオープン。現在は3つの実店舗とオンラインストアを経営しています。

一介の主婦が1人で始めた、パンと日用品の店。

移動販売と自宅の玄関先での販売からスタートして創業14年目になる「わざわざ」は、2017年に法人化し、今では3億円の売上がある企業へと成長しました。


よく「平田さんは、やりたいことがたくさんあっていいいね」と言われます。

山の上で始めた小さなパン屋が大きく成長したという事実を見て、「田舎暮らしで夢を叶えた成功者」と思われているのかもしれません。

でも本当は、全然そんなことないのです。

私は幼い頃からずっとその場の環境に流されていましたし、生粋のめんどくさがりで、「できることなら楽をしたい」と思って生きてきました。

この本の序盤には、私が「わざわざ」を創業するまでの経緯も書かれていますが、自分で読み返しても、その頃の自分はとにかく「とても嫌な人間」に見えて仕方がありません。

なので、最後まで読んでいただける「はじめに」を書かないといけないと思いました。


私の人生の前半戦は、といいますか、人生の3分の2ぐらいは挫折の連続で、いいことが1つもありません。

友だちも全然できず、誰とも話が合いませんでした。

少しでも疑問に思ったこと、違和感を抱いたことに対して、「なんでそうなってるの?」「どうして?」と、ずっと問うてしまう子どもだったのです。

「なんでそうなっているのか知りたい」という欲求がとても強く、たとえばテレビなんかでも、分解して仕組みを確認してしまう。そんなことを何度も繰り返していました。

だけど、しつこい子どもの疑問に答えてくれる人はそんなに多くありません。学校でもあまり受け入れられず、なかなかうまく生活できませんでした。周りの人は、私と話していると問い詰められている気持ちになってしまったのだと思います。だんだん面倒くさくなって、話をしてくれなくなりました。

この世の中は、曖昧にしていたほうがいいとされることが多いから。パン屋を始めることになったのは、そんな、世の中の「ふつう」にうまく乗れなかった私が、唯一できそうなことだったからです。

どうしてこのような生き方にたどり着いたのか、一言で説明をするのは難しい。

でも1つだけ言えることがあるとするならば、私はずっと、自分の気持ちには正直に生きてきたように思います。自分の中に生まれる違和感を見過ごすことがどうしてもできなかった。

おかしいことからは逃げ出して、あるいは向き合うべきことに向き合って。その積み重ねで、今の私が、今の「わざわざ」があるように思います。

世の中には、違和感を覚えるできごとがたくさんあります。

パン屋は長時間労働・薄利多売がふつう、飲食業においてロスが出るのはふつう、質がいいものよりブランド名に惹かれる人がいるのはふつう。働き方、お金の使い方、家族のあり方、会社のあり方……。

そういった、生きる中でぶつかる自分の違和感に1つずつ向き合いながらつくってきたのが「わざわざ」です。

山の上のパン屋に人が集まってくださる理由は、もしかしたら「わざわざ」の正直すぎる姿勢にあるのかもしれません。

長時間労働がおかしいと思えば、そうしなくて済む製法を自ら研究したり、自分が作っているパンが人の健康を邪魔していると感じれば、そのパンを作ることを急にやめたり、意地悪なお客さんが来たらブログに「来ないでください」とあけすけに書いてみたり……。

幾多の経営本が世の中に溢れる中で、私が本を書く意味が果たしてあるのだろうか。「辺境地で事業を始めてうまくいった事例」をノウハウとして書く意味はあるのだろうか。

自分に問うた結果、「ない」と思いました。

だから、この本では「心」を記そうと思います。

できるだけ忠実に私の心の変遷を描きたい。内実に沿った情景を忠実になぞるような言葉を選んで記すことができたならば、それは読んだ人の数だけ形を変え、誰かの役に立つことができるかもしれない。

そう思って、この本を書き記します。

目次

目次

「ふつう」が育まれないまま、大人になった

私がはじめて働いたのは、中学生の頃でした。

人が働き始めるのにはさまざまな理由があると思います。学校を出て自然と働くようになった人、欲しいものがあって働き始める人、家庭の事情で働かざるを得なかった人。

私の場合、なぜ働き始めるのがこんなに早かったかというと、働くことへの好奇心が人よりずいぶん強かったからです。

我が家の家庭環境は、少し変わっていました。

家族は父、祖母、兄、そして私の4人。母は私が0才のときに離婚して家を出ていたので、物心ついたときにはこの4人で暮らしていました。

一般的な家と違うところは家族構成だけではありません。うちの家族は当時、誰も働きに出ていなかったのです。

父も祖母もずっと家にいる。それなのに、まずまずふつうの生活をしている。質素な住まいではあったのですが、ふつうにごはんも食べられていましたし、服も買ってもらえていました。なぜうちにお金があるのか、長い間不思議でした。

父は、ずっと家で物書きをしていました。学生時代から孔子の研究をしていたのですが、のちに自ら大学を辞めて、以来ずっと在野で研究をしながら、並行して株式取引もやっていたようです。

のちのち知りましたが、親から引き継いだ少しの資産もあり、それを運用しながら生計を立てていたのです。

私が中学生のときのことです。

家庭科の授業で、「家庭の環境調査」という課題が出ました。父親と母親の職業について書き出す欄があったのですが、まずうちには母がいませんし、父の職業についてもよくわかりません。先生に「どうしてこんなプライベートなことを発表しなくてはいけないのか」と抗議したものの、聞き入れてもらうことはできませんでした。

同級生たちは、当たり前のように「私の父親は公務員をしています」「私の母親は学校の先生です」などと、自分の親の職業について堂々と話していました。

みんなの親は働いているのに、うちの親は働いているように見えない。その頃から、働くことに強く興味を持つようになったのです。

2年生になったある日、近所に焼き鳥屋さんが新しくオープンしました。それを見て、ふと「働かせてもらえないかな」と思いつきました。

オープンしたばかりなら、人手不足で困っているかもしれない。すぐに扉を叩いてお願いしました。「お給料は最低限でかまわないし、1日2時間だけでいいから働かせてくれませんか」と。

最初はもちろんびっくりされて、「夜の仕事だから子どもは雇えない」と断られましたが、「昼間にも片付けや掃除をしているんじゃないですか?」と引き下がりませんでした。

そうしたら焼き鳥屋のおばさんが「たしかにそうだけど……じゃあ夏休みの間だけ、15時から17時まで掃除をしてくれる?」と言ってくれたのです。オープンが18時なのでそれまでには帰るようにということで、採用が決まりました。

前日の宴会の片付けをして、座布団を全部上げて、掃除機をかけて、床を拭いて、その日の宴会の準備をします。窓や玄関やトイレの掃除もしました。

時給はたしか500円ほどだったでしょうか。2時間だから、1日1000円。月に20日ほど働いて、約2万円もらえました。中学生には大金でしたが、当時はお金をもらえることよりも、働くという行為自体がとても楽しいものでした。

掃除をしている間、厨房では仕込みをしているのですが、よく見学もさせてもらいました。串に鶏肉を刺す様子や天ぷらを揚げる様子など、ずっと見ていても飽きなかったものです。そのお店では、とても可愛がってもらいました。

高校生になってからは、平日には近所の喫茶店、夏休みには短期バイトでホームセンターやファッションセンターで働いたりもしました。友人の親が経営している会社で電話番もしたし、早朝4時から6時までゴルフ場の球拾いをしたこともあります。

部活や生活の隙間をぬって、アルバイトに夢中になりました。

卒業してからも、20個以上は経験したでしょうか。求人誌でやったことのない職種を見つけたら赤丸をつける。とにかく、さまざまな仕事を片っ端から試してみたかったのです。働くことは、好奇心を満たすための社会経験でした。

そんな私にとって、毎月入ってくるお金自体は価値あるものではありませんでした。

だから学生時代に「お金を貯める」といった考えは毛頭なく、欲しいものがあれば、それを買うためにどんどん使っていました。

雑誌を読み漁って、信用できそうな『SPUR』『装苑』『MC sister』などで紹介されているものをひたすら買う。今にして思えば、高校生にしてはかなりおしゃれな子どもだったんじゃないかと思います。

アルバイト代で簡単に買えるようなものではありません。もらえるお金は多くても時給1000円ほど、でも雑誌に載っている服は数万円をざらに超えます。ですが、感覚的にはお給料はおまけみたいなものだったので、たとえ30時間働かなければ買えない金額の服でも、買うことにまったく躊《ちゅう》躇《ちょ》がなかったのです。

このように早くからお金を稼ぎ始めたものの、大人になってずいぶん経つまで、私はお金を求めることを「嫌な」行動だと思っていたような気がします。稼いだお金を貯めようと考えなかったのは、その価値観も理由の1つでした。親にお小遣いを欲しいと要求したこともありません。

なぜ、嫌なものだと思っていたか。おそらくその感情は、父の影響を受けています。

小学生の頃、保険の営業をしていた同級生のお母さんが、うちに生命保険の勧誘をしに来たことがありました。近所の幼馴染の子のお母さんだったので、「この家なら入ってくれるだろう」と思っていたのかもしれません。

ただ、父は頑として加入しようとしませんでした。それどころか、「人の命をお金に換算することについて、あなたは人としてどう考えていますか」と1時間くらい問い詰めて、友だちのお母さんが泣きそうになっていたほどです。きっと「もう二度とこの家には来ない」と思われただろうなと感じました。その父の姿が頭から離れないのです。

のちのち考えると、私がアルバイトに傾倒したのは、家庭のことやお金についての考え方を含め、同世代の子たちとは違う考え方を持っていて、孤立していたのもあるのかと思います。

大人の社会で働き始めたのは、自分自身が早く大人になりたかったのと、学校という世界でうまくいかなかった現実逃避でもあったのでしょう。

アルバイトにしか、自分の居場所を見つけられなかった。

私が生きていた中高生時代は（今もそうかもしれませんが）、とにかく周りのみんなと「同じ意見を持つこと」が重要視されていました。だからこそ、私の中にある「ふつう」と世の中の「ふつう」が違うことに気づかざるをえなかったのです。

私が違和感に対して敏感になったのは、幼いときに自分の中の「ふつう」を奪われた結果だったのかもしれません。

3日間で逃げ出した就職先

高校を卒業してすぐ、私は名古屋にあるホテルに就職しました。
理由は、全寮制で家賃などのお金がかからないから。完全に、父が死ぬ前提での進路変更でした。

高校2年生のとき、父が癌になりました。中学のときにも一度かかっていたのですが、そのときは手術で寛解。ですが再発がわかったときには「あと半年だ」と余命宣告をされました。

うちの親族は学歴をとても大切にする人たちだったので、父も「大学に行くのは当たり前」という価値観のもとで兄と私を教育していましたし、私も当然そのつもりでいました。だけど、闘病生活をするとなると、どうしてもお金がかかります。

当時すでに大学に行っていた兄は「俺が大学を辞めて働くから、お前は大学に行きなさい」と言ってくれていましたが、私にはたいした目的もありません。反対に兄は勉学に夢中になっているのを知っていたので、「お兄ちゃんは大学を卒業してほしい」と断りました。余命わずかの父にも気を遣わせないようにしようと「働きたいんだ」と言い張り、就職活動をしました。

けれど、そのあと手術が成功して、なんと父が生還したのです。

もちろんとても喜ばしいことですが、すでに卒業も間近で就職も決まってしまったあと。内心ホッとしたのですが、急に嫌になってしまいました。

親の体調によって、進路も気持ちも変わってしまう。自分の意志ではなく、人の事情に人生を左右されていることに気づいてしまったからです。

結局その就職先からは、3日で逃げてきてしまいました。「研修を1週間がんばったらホテルのフルコースを最終日に食べられるよ」と言われていましたが、それまで耐えることすらできませんでした。

単純に、集団生活がとにかくダメだったのもあります。これまでずっと馴染めなかった同世代の子たちと、朝から晩までいっしょにいなくちゃいけないのが、苦痛で仕方ありませんでした。

父には「やっぱり大学に行きたい」と嘘をついて家に帰りましたが、本当は勉強したいことなどありません。昔から好奇心の塊で、目の前のことには夢中になるものの、将来の夢などない子どもでした。だから親の言うとおりに大学に行こうとしていましたし、逆に親が病気になったら就職しようとしていたのです。

ホテルを辞めて家に帰ってきたとき、父は私が進学を目指すことを喜んでいました。

でも、しばらく経っても一切勉強する気になれません。だんだん家に居づらくなってきて、逃げるように「とりあえず東京に行こう」と思いました。田舎だと人間関係でしんどい思いをすることが多いけれど、東京ならポツンと1人でいても平気かなと思ったのです。

そうして見つけたのが、東京のスタイリスト専門学校でした。

とにかく家を出たかった。別にやりたいことはないけれど、実家の居心地は悪いし、1人暮らしがしたい、それなら東京がいい、服が好き、なんだかおもしろそう……。それだけの理由でスタイリストの学校への進学を選びました。

流されるままに生きているのに、かといって、違和感を覚えたらいても立ってもいられない。誰かに人生を左右されるのだけは嫌。

大学に行くものとばかり思っていた父には、もちろんこっぴどく怒られました。でも、いくら反対されても言うことが聞けず、父には「学費だけは出してやるけど、ほかは自分で出せ」と言われて、勘当同然で家を出ることになったのです。

東京でやっと見つけた「やりたいこと」

将来の夢、仕事にしたいくらい好きなこと、人生の目標……。幼い頃から、いわゆる「やりたいこと」が全然ありませんでした。かといって、私の中には「お金のために働く」という考え方も、まったく育まれてはいませんでした。

「とりあえず生きていかないといけないから」という感じで生きている。ただ好奇心に突き動かされ、そして「違うな」と思ったらすぐに方向転換する。向かう方角などわからぬまま、行き当たりばったりで過ごす日々を送っていたように思います。

だけどスタイリストの専門学校を卒業した20才の頃、人生ではじめて、やりたいと思えることを見つけたのです。


きっかけは、クラブミュージックとの出会いでした。

「イエロー」という六本木のクラブでＤＪを観て、大きな衝撃を受けました。

とにかくとてもカッコいい！　まるでオーケストラの指揮者のように、フロアに集まる人をコントロールしているように見えたのです。

以来、夢中でクラブに通い続け、「こんなふうにたくさんの人を自分のかける音楽で楽しませて、毎晩レコードを回してお金をもらって生きていけたら、絶対に楽しいだろうな」と憧れるようになりました。

夢ができたのはとてもうれしいことでした。そこから、ＤＪで食べていく決意をします。「30才まで10年間やって、ダメだったらあきらめよう」と。

でも、どうしたらDJとして食べていけるのでしょう。

調べてみると、人気DJのアシスタントになるのが一番の近道のようでした。雑用やレコード持ちなんかをしながら、イベントで前座を任されるようになって、少しずつ階段を登っていく……。そんなやり方が業界でのスタンダードだったようです。

そういうプロセスは、DJに限らずよくあることです。専門学生時代に垣間見たスタイリストの世界も似たようなものでした。みんなそうやって、「上の人」について成功への階段を上がっていくんだということは、頭ではちゃんとわかっていました。

ただ、私はどうしてもそのやり方を選べませんでした。

「主従」や「ヒエラルキー」、つまり「対等でない人間関係」に身を置くことが性格的に無理なのです。

子どもの頃からそうでした。根拠もないのに何かを押しつけられることや、自分が理不尽だと感じることに屈するのが、どうしても我慢ならないのです。

じゃあ、どうするか。

考えた末に「いちから自分でやる」ことを選びました。そちらのほうが絶対におもしろいし、精神的にも健やかに過ごせる気がしたからです。

機材をローンで購入して、クラブに通い、人気DJのブースにかじりついて観察して、家で見様見真似で練習を重ねました。自分のプレイを毎回録音し、何度も聞いてチェックします。それをひたすら繰り返して納得ができるようになったら、今度は人前で回す機会をつくらねばなりません。

友人や知人を介して、クラブを借りる算段を立てました。そのためにはもちろんお金が必要になります。

当時の相場は、一晩で数万円から20万円ほど。1ヶ月のバイト代を全部突っ込んでようやく借りられるくらいでした。渋谷や新宿や六本木など、一等地になればなるほど場所代は高くなるので、最初はちょっと外れた場所にある小さなハコから。自分で場所を借りて、料金設定をして集客をし、営業活動をかける。これを数ヶ月に一度やるというスパンで、小さなイベント経営が始まりました。

そのうち、定期的に回せるハコが増えてきて、ＤＪの仕事がだんだん入ってくるようになりました。そうやって自分が単発で稼いだお金を、今度は自分がオーガナイズしたイベントの資金に回します。

東京に来てからも、しばらくの間、私は稼いだお金を湯水のように使っていました。服やレコードを買いすぎて電気代が払えなくなったとしても、自分が少々困るだけなので気にも留めないくらい。

ですが、クラブイベントはその日払いで大金を用意しないといけません。お金を持たずしてイベントは打てないので、次第にプライベートでの金遣いの荒さは止まっていったように思います。

昼間は知人に紹介してもらったファッション雑誌の編集部でのアルバイト、夜はDJの練習、それからイベントの準備。その3つにひたすら明け暮れる日々が続きました。

そんなときに、もう1つの出会いが訪れます。

1996年くらいでしょうか。

当時は世界中がインターネットで盛り上がっていた時代で、「パソコンがどうやらすごいらしい」と話題になっていました。周りにもMacやWindowsを買う人が現れ始めて、職場の先輩が買ったのを見せてもらったときには、世界中の情報を瞬時に見られることに大きな衝撃を受け、「私も欲しい！」と強く思いました。

インターネットを使ったら、一瞬で世界中とつながれます。自分のDJ活動だって、世界中に発信することができるのです。そうしたら、もっとお客さんが来るかもしれません。

さっそく秋葉原でWindowsを買って、家でセットアップしました。まずはWordで文章を書いて、Excelで計算して、ペイントで絵を描いて……。あらゆるソフトを立ち上げ、片っ端から触ってみます。気づけば夜が白んでいつの間にか朝になっていたほど夢中になっていました。あのときの感動は今でも忘れられません。これがあれば何でもできる！　と。

私はすぐに、自分のＤＪ活動のウェブサイトをつくりはじめました。無我夢中でＨＴＭＬを勉強し、IllustratorやPhotoshopの使い方も独学で覚え、雑誌編集部でのアルバイトをやめた頃には、すでに自分のウェブサイトができあがり、運営も始めていました。

ウェブサイトには、イベントの情報発信はもちろん、レコードのレビューや情報交換、ファンの方との交流掲示板など、とにかくいろんなものを用意しました。今思えば、ちょっとしたメディアになっていたのかもしれません。

そうするうちに、だんだんと人が集まるようになります。

掲示板には実際にＤＪイベントに遊びに来た人が感想を書き込んでくれるようになって、確実にファンが増えていくのを実感しました。

もともと凝り性なこともあり、新しい技術を学んでは自分のサイトに反映させ、サイト自体のクオリティもみるみる高まっていきました。それが評判になり、次第に「こういうのもつくれる？」とウェブサイトの制作をお願いされるようになります。

当時はまだインターネット黎明期だったので、いくらでやればいいのかもわからなかったけれど、「いいですよ」と受けてこなしていたら、いつの間にかそれが仕事になり、最終的にはＤＪイベントとウェブ制作だけで食べていけるようになっていました。

頼まれた仕事はほとんど断らず、できない仕事を頼まれたときも「できます」と嘘をついて受けました。

持ち帰って必死に調べ、なんとかやり遂げて納品する日々。そんなことを繰り返すうちに、幅広いスキルが身についていきました。

でも、私は別にウェブデザイナーになりたかったわけではありません。求められることをやっていたら、自然とそうなっていただけです。

ウェブデザインは私にとって「できること」、つまりお金を稼ぐための仕事であり、ＤＪ活動という「やりたいこと」を支えてくれるものでした。

「等価交換」じゃないことが、どうしても無理

誰かの下につくのではなく、自分で全部やってみる。そして、30才になるまでには、一人前のＤＪとして食べていけるようになる。

決意して数年。いろんなイベントに呼ばれるようにもなり、自主イベン

トを開催すればトントンか少しプラスが出るまでには成長もしました。だけど、いまいち一歩抜け出せない。ＤＪ一本で食べていける、というほどには及ばない。そのラインをどうしても突破できなかったのです。

その頃、私と同時期にＤＪを始めた知人たちが、アシスタントからスタートして、人脈をつくって成り上がってきているのを目の当たりにもしていました。

自分が選んだ道が最短ルートだと思って進み始めたのに、どんどん追い抜かれていっている。そのジレンマは相当なものでした。

どうしたらもっとイベントにお客さんが来てくれるんだろう。

シンプルに考えれば、有名なＤＪを呼べばたくさん人が来るはずです。そこで私は思いつきました。海外の有名ＤＪといっしょに自分もレコードを回して、お客さんに知ってもらえばいい。名付けるならば「虎の威を借る」作戦です。有名ＤＪを呼ぶにはかなりお金はかかるけれど、そのとき感じていたジレンマを打ち破るにはそれしかないように思いました。

ハイリスクの中、決行したイベントはこれまでにないほどの大成功を収めました。お客さんがたくさん入って会場は大盛り上がり。

「これでいける！」

そう思ったのですが、結果は真逆でした。その大成功は、通常のイベントにまったくお客さんが来なくなるという、新しい状況を生んでしまったのです。

人は、名が知れているものにしか価値を見出さないことを痛感しました。いつまで経っても虎の威を借りているだけで、ＤＪとして食べていけるようにはならず、自分の実力と世の中のあり方が露呈しただけでした。海外のレーベルからレコードを出そうともしましたが、どれも全然うまくいきません。

「女性としての武器をもっと使ってほしい」

クラブのオーナーには、そんなことを口酸っぱく言われたものです。今度また海外のＤＪと共演するときには、化粧をしてスタイリッシュな格好をして「女性」をアピールしなさいよと。

私はそういう格好をすることも好きだったので、女性らしいおしゃれをしてＤＪをすることもありました。だけど、当時流行っていた2ちゃんねるで「男っぽいゴリゴリのミニマルテクノを回している女の子がいる」という表現で私について書いてある投稿を見て以来、男とか女とかそういうことではなく、実力でかっこいいと思われたいという意識が強くなってしまっていました。

実力とは違う部分で注目を浴びようとするのは、どうしても嫌でした。それから、ツアーの日にわざとTシャツとジーンズで行ったのですが、当然ながらオーナーには「帰れ！」と怒られてしまいました。「私のイベントなんだからこのまま出る！」と言って押し切り、喧嘩になったのですが、それは私が強気だからではなくて、そうすることしかできないからなのです。

日本の大手レコード会社からCDを出さないかと言われたこともありました。でも、それも契約内容が気に入らなくて断ってしまいました。友人には「すごくいい話だったのに!」とびっくりされましたが、やはり、心から納得できないと動けません。

これには自分でも参りました。

せっかくチャンスが来ても、「なんか違う」と思うと従えないのです。その違和感を誤魔化してまで、のしあがることに貪欲になれない。そんな自分の性質が自分の足を引っ張って、「ここがチャンスだ!」というときにいつも乗ることができませんでした。

私は「有名になりたい」のではなく「実力に見合った活動がしたい」のであって、見た目と中身をいつも一致させたいのです。自分の心で思っていることと、実際にやっていることが一致していないのが許せない。

言ってみれば、馬鹿なのです。ものすごい、馬鹿正直。

おそらく、ここにも父の影響があるのでしょう。

私は常に父から「なぜそう思った？」「どうしてそう感じた？」と問われながら育ちました。

たとえば、数学の宿題で方程式を暗記して問題を解いたときには、ひどく怒られたものです。

「なぜその方程式が生まれたのかを、ちゃんと理解しているか？」と。

「塾に行ってみたい」と言っても、詰め込み式の勉強は何にもならないと許されず、「全部自分の頭で考えろ」と言われ、参考書も買ってもらえませんでした。だからテスト勉強はただひたすら教科書をやり込むだけ。成績も振るいませんでした。

その癖が、なかなか抜けないのです。

誰かに「こうしたらいいよ」と言われても「本当にそうなのだろうか」「なぜそうしたほうがいいのだろうか」と考え込んでしまいます。

自分の頭で考えることは、たしかにいいことかもしれません。ただ、社会で上手に生きるにはその癖が強すぎて、融通が効かなさすぎました。

そして私は、何もうまくいかなくなってしまったのです。

それが27才のときです。全部嫌になって、ほとんど鬱状態でした。強情で頑固で、真っ直ぐのし上がれない。そんな自分に、ほとほと嫌気がさしました。

DJは、私がはじめて見つけた「やりたいこと」でした。

でも、一生懸命やっても、お金の面でも、仕事内容の面でも、人間関係の面でも全然、私が思い描く「等価交換」にはならないのです。立場とか、性別とか、年齢とか、そういった本質じゃないものにじゃまをされてしまう。等価交換にならないことが、どうしても無理でした。

「あともう少しなのにもったいない」と周りに散々言われながらも、私はある日、消えるようにDJを辞めてしまいました。そして、誰にも何も言わず東京から逃げ、長野に転勤していた彼氏の元（後の夫です）へ引っ越したのです。

　大きな挫折でした。


　ただ私は、自分の心に対しては、ずっと健全な行動を取り続けていたように思います。

　いろんな人からの「こうしたらいいよ」というアドバイスのとおりに動けば、いずれ自分の心が壊れてしまうだろうことを感じ取っていました。

　だから、どうしても言うことを聞けなかった。

　はじめての就職も3日で辞めてしまうくらい、私は「無理だ」と思うとすぐに逃げ出してしまう人間なのです。心身が弱く、我慢に耐えられない。

　自分に嘘をついて無理をすれば壊れてしまうことを、本能的にわかっていたのかもしれません。

　そんな私は、東京ではうまく生きていくことができませんでした。

でも、この挫折は見方を変えれば、社会でうまく生きていくことよりも、自分が健やかに生きていくことを選んだ結果なのだとも思います。おかげで今、「わざわざ」を営んでいる長野にたどり着いたのですから、曲げたくないものを曲げることなく、一度ぽっきり折れてしまうことも、人生には必要なことなのかもしれません。

もちろん、そう思えるようになったのは30代も後半に差しかかった頃でしたし、時間が必要なことではあったのですが。

世の中の「ふつう」を試してみよう

逃げるように長野に移住したあと、彼氏と「結婚しよう」という話になりました。

そして、籍を入れるときに「君が平田の姓になるなら、その借金は僕の借金だから」と、DJ時代につくった私の借金や車のローンなどを全部支払ってくれたのです。

総額はたしか100万円ほど。彼は価値観がとても昭和的な人で、『平田』が借金しているのは嫌だ」と言って、私の借金をゼロにしてくれました。

私はお金に執着がない分、「借金が嫌」という感覚もなく、夫の言っていることがよくわからなかったのですが、「そういうもんかな」と思って払ってもらいました。この話をすると周りのみんなに「すごい旦那さんですね!」と褒められるのですが、自分としては借金があろうとなかろうとあまり気にしていなかったので、勝手に払いたい人が払っているという認識です(申し訳ありません)。

ただ、「10年後か20年後、10倍にして返しますね」とは根拠もなく言っており、実際そうできたので借りは返せたかなと思います。

夢をあきらめて、移住して、借金もキレイになくなって、ゼロからスタートした結婚生活。

夫には「そろそろちゃんとしてくれないか」と言われました。これまであなたは後先考えないめちゃくちゃなお金の使い方をしてきたけれど、結婚して夫婦になったのだし、これを機にまともな金銭感覚を身につけてほしいと。

当然と言えば当然です。だって、これまでの私の行動は間違っていたのですから。

自分が正しいと思い込んでいることをして、借金を積んで、成功せずに終わっているわけですから、その意見は腑に落ちました。

自分の意思でやったことがうまくいかないのであれば、夫の言うとおりにしてみよう。そう思い、また以前の「受け身な自分」に戻ったわけです。

基本的に馬鹿正直で素直な性格なので、頭で理解できればすぐに意見を取り入れます。

それで、一度世の中の「ふつう」を試してみようと考えました。「ふつう」がどんなものなのか、むしろ興味が湧いてもいました。

まずは、今までつくったウェブサイトの実績をファイルにまとめて、長野のシステム会社の求人にウェブデザイナーとして応募しました。晴れて就職。高校卒業後に3日で辞めたホテルを除けば、はじめての就職です。フリーランスでやってきたこれまでとは、真逆の方向転換でした。

それからは、世間的に「ふつう」と言われている生き方をしようと、会社員として仕事をして、節約して、夫にすすめられて家計簿までつけはじめました。

変わろうと思って努力しました。

収入に対して自分がお金をどれくらい使っているのかを把握して、食費はこれくらいに抑えようなどと見通しを立て、キティちゃんの家計簿（これならつけられるかなと初心者向けを選びました）にコツコツ数字をつけました。

はじめは新鮮で楽しくもありました。

少しでも節約しようと、車で地域中のスーパーを走り回って、安いものを買い集めては得意になって……。だけど、いくらがんばろうとしても、うまくできません。冷蔵庫の中でそれらを腐らせて、結局ゴミにしてしまう。失敗ばかりします。

家計簿を見ながら「なんでこんなにがんばっているのにお金が貯まらないんだろう」と悶々としていましたが、無計画に安物買いをしているのだから当然です。これまでの人生で計画性を磨くということをしてこなかったので、事前に段取りしてやりくりするのが難しかったのです。

インターネットを駆使して、よりいいものをより安く買おうとがんばった時期もありました。これは割と成功したのですが、なんだか買い物がつまらなく感じるのです。「こっちで買ったほうが安い」とか「こっちの商品のほうがコストパフォーマンスが高い」とか、そんなことを考えてもまったくワクワクできません。

少しでも安くいいものを買うことに楽しみを見出そうと努力したのですが、別におもしろくもなんともない。それでいてそんなにお金が貯まるわけでもないし、「私は何をしているんだろう」という疑問がずっとありました。

このお金の使い方に価値があるとは、どうしても思えない。「この消費には何もない」と思ってしまったのです。

そんな中でも、3年はそういう生活を続けました。

辞めてしまったのは、夫との喧嘩がきっかけです。

ある日、夫がExcelで、私とは別に家計簿をつけていることがわかりました。家計簿をつけるようにすすめたのは夫なのに、「本当にちゃんとつけるか信用できないから」と言って、彼もずっとつけていたのです。

それを知ったときは本当に腹が立ち、「私が努力してきたこの3年は何だったんだ。もう絶対にやらない」と大喧嘩になりました。夫ができるのであれば夫が管理すればいいし、向いていないことに取り組む無駄な努力や時間を減らしたかった。この辺りから、夫婦で役割分担するやり方へとシフトしていきます。

そして、自分の好きなお金の使い方をできるように、自分の稼ぎを増やす方向で物事を考えようと思ったのです。

就職先の会社にもなかなか馴染めず、社員旅行が苦痛だったり、飲み会で上司に偉そうなことを言って怒られたりといろいろありましたが、経験としてはとてもためになりました。

もともとフリーランスで働いていたので適応するのも早く、ウェブデザインから印刷物のデザインまで幅広く経験でき、徐々に仕事を任されるようになりました。

仕事自体も、おもしろいと感じていました。私は知らないことを知るのがとても好きなので、ウェブのロジックをたくさん教えてもらえる日々は楽しかったです。この経験は、現在の「わざわざ」のECシステムや在庫システムにとても役立っています。

ですが、次第に仕事の負荷が高くなって、「あれ?」と思うことが増えていきました。私1人しかウェブデザイナーがいなかったので、「あれもこれも」とお願いされるうちに、遅くまで働くことが増えていったのです。それなのに、給与が見合っていませんでした。残業代がちゃんともらえないのです。

ある会議で「これは労働基準法に違反しているんじゃないですか?」と発言すると、雇用側から「違反してるのはわかってるけど、現在はそれを改善することはできない」と言われました。

それを聞いてすぐ、「じゃあ辞めます」と答えました。

自分が望んだとしても、相手が改善することを考えていないのならば、話し合いが徒労に終わることは自明です。「1人でやったほうが、同じ仕事量でももっと稼げますから」と言って、辞めることにしたのです。

繰り返しになりますが、ここでも「目をつむる」ということができませんでした。

道理が通っていないと嫌だし、対等でないと我慢ができません。自分はやっぱりそういう人間なんだなと、このあたりで世の中の「ふつう」に変わろうとすることをあきらめました。

こういう性格が嫌な人もいるだろうなあと思いつつも、限られた人生を自分なりに運転して、まっすぐに生きたいと考えているので、今のところはこのまま素直に生きていこうと思っています。

その後、本当に退職したのですが、今でもその会社の方と会うことがあればきちんと挨拶をして言葉を交わします。自分が納得いかないから辞めただけで、とてもたくさんの勉強をさせてもらったので感謝しています。

そういった流れで、一度は世の中の「ふつう」に合わせたお金の使い方も働き方も、また道から外れていってしまいました。

自分の中にある疑問や違和感をごまかすことができないから、「じゃあどうしよう」と考え続ける。私の人生は、その繰り返しのように思います。

「やりたいことを探す」のをやめることにした

やりたいことがない。やっと夢が見つかったかと思えば、めちゃくちゃがんばったのに失敗する。そしてまた、受け身な生き方に戻る——。

そんな人生だったので、30才を過ぎてからは、「やりたいことを探そう」あるいは「やりたいことで生きよう」という思考自体をやめることにしました。探していても見つからないし、やっと見つかっても7年努力した挙句失敗するのですから、考え方自体を変えたほうがいいはずです。

きっと私の場合、「やりたいこと」と「できること」が一致していなかったのでしょう。だから、うまくいかなかった。

そこで、「できることを掛け算しよう」と、考え方を変えてみました。「やりたいこと」がなくても「できること」ならいくつかあるはずです。まずは自分の人生を棚卸しして、「できること」をリストアップしてみることにしたのです。

とはいえ「できること」と言っても、私はいろんなことが中途半端です。かじっていることは多いのですが、どれも一流の域と言えるほどの知識量や技術はない。そんな私が1つのことで勝負するのは、現実的ではありません。

だけどそれらを掛け合わせれば、仕事になるかもしれない……。自分にはそういうやり方が合っているのではと考えました。

そのきっかけになったのが、夫の一言です。

うちは母親がいなかったこともあり、子どもの頃から日常的に料理をしていて、趣味の1つでもありました。結婚してからは、節約の観点から始めたパンづくりにハマってしまい、それがどんどんエスカレートして、家中がパンだらけになるくらい焼くようになったのです。

一介の主婦が25キロの粉を通販で購入して、家族の食べる分量とかそういうことは一切考えず、まるで修行僧のように、毎日小さな家庭用オーブンでひたすらパンを焼いていました。

食べきれないのに、焼きたいから焼く。もはやそれは「料理」というよりは「実験」で、「おいしいパンはどうしたら焼けるんだろう?」ということに興味が湧いて、データを取りながら実験と検証を繰り返していました。

これも父によく似た生来の気質で、もともと、際限のない没頭型タイプの人間なのです。

ひどいときには1日に5回もオーブンを回して、電気料金のことも考えず焼き続けました。節約のために始めたパンづくりなのに、むしろ逆効果で、とんでもない主婦だったと思います。焼いたパンは、夫に会社に持っていってもらったり、ママ友に配ったりしていました。

そんなある日、ついに夫が言ったのです。

「このパン、売りなよ。おいしいよ。お店でもやったら？」

それを聞いた瞬間、「なるほど、とてもいいアイデアだ」と思いました。「お店」という言葉に、ピンときたのです。

私はほかにも、いろいろとできることがあります。

昔から手芸も好きで、自分で服を作ったり編み物を編んだりもしていました。器も好きで、長野に来てから陶芸も細々と続けて7年が経過していました。作ることだけでなく買い物も好きです。雑誌の編集部で働いていたのでファッションの知識もそこそこにありますし、もちろんウェブサイトをつくる技術もあります。

そんなふうに並べてみると、私には「できること」がけっこうあることがわかりました。

凝り性で一度ハマると、とことん勉強して身につけようとする性格が功をなしたのでしょう。

どれもプロの域ではありません。でも、1つを突き詰めるのではなく、いくつかの要素を複合的に組み合わせてできることを仕事にすればいいのではないか。夫の「お店」という言葉で、そうひらめいたのです。

ものを作ること、ものを選ぶこと。どちらも達人レベルまでは全然達していないけれど、そこそこの知識と経験があるなら、それらを掛け合わせて「お店」ができるのではないか……。

そうと決まれば早かったです。「お店をやろう!」と一瞬にして気持ちが固まりました。

となると、次は「どんなお店をやるか」です。

いろいろと考えたのですが、最終的に候補として残ったのは「飲食店」と「パン屋」でした。

飲食店でイメージしていたのは、バルのような定食屋さんです。料理とお酒が好きだから、という単純な理由だったのですが、ちゃんと考えてみるとやっぱり厳しい。

来るかどうかわからないお客さんのために材料を仕入れて料理をするのはしんどいし、そもそも夜に働くのが嫌だし、酔っ払うのは好きだけれど、酔っ払いの相手は嫌だし……。それで、飲食店という候補はすぐになくなりました。

では、パン屋はどうでしょう。パンなら割と日持ちするし、ある程度予想を持って製造・販売ができそうです。

それに、パンを嫌いな人ってなかなか思い浮かびません。

アレルギーの方などを除けば、少なくとも私はパンが嫌いな人にあまり出会ったことがありません。むしろ、いい匂いがするとか、おいしそうだとか、世間一般的に「パン屋さん」って良いイメージがある気がします。それに、単価が低いのもいいなと思いました。高級食パンでも数百円で買えるのは魅力的です。

つまり、間口が広く、敷居が低い。ちょっとがんばればみんな買えるというところが、とてもいいなと思ったのです。

よし、パン屋をしよう！

そう思って、どうしたらパン屋ができるのかを調べていきました。

すると、パン屋を開業するには調理師免許もいらず、講習を受け食品衛生責任者の資格を取って、シンクの数や衛生面など条例に則った設備投資だけすればいいことがわかったのです。

ちょうど長野で家を建てる計画をしていたこともあり、家の中に厨房をつくり、菓子製造の免許を取ることにしました。販売場所に関しても、店舗は借りずにしばらくは移動販売でやろうと考えていたので、ハードルみたいなものも感じませんでした。

そんな感じだったので、「開業するぞ！」という意識もほとんどありませんでした。

失敗したら辞めたらいいや、という感覚。夫もずっと、私が作り続けていたパンを食べていたので、お店をやるのには賛成のようでした。

それが、「わざわざ」の始まりだったのです。

ずっと「やりたい」ことを探していたけれど、「できる」こととの組み合わせで何かできるかもしれない。

そう思ったこのときが、今思えば一番の転機だったと思います。

これまではずっと行き当たりばったりの人生でしたが、流されつつも、そこかしこでつくってきた「点」をつなげて「線」にできた、ということでしょうか。

ＤＪイベントのオーガナイズ、雑誌編集部でのアルバイト、ウェブデザイナー……。全部ひっくるめて、お店を営むにはちょうどいいスキルが身に付いていました。

その「線」を自分で描こうとするとき、「できる」ことは「やりたい」ことになるのかもしれない。どこにもなかった居場所が、ようやく自分の手でつくれるかもしれない。

「わざわざ」をスタートしたのは、まさにそういうことだったように思います。

山の上に店をつくった理由

「わざわざ」は移動販売の時期を経て、自宅玄関先での販売、自宅横の実店舗と、お店の形が変遷しています。でも、いずれも場所は長野県東御市御牧原という「山の上」です。

「山の上に店をつくったのはなぜですか」と、よく聞かれます。

駅前の立地の良い場所で事業を始めるのがセオリーかもしれませんが、あえて公共交通機関の通らない場所に店をつくった決め手となったのは、単純明快、「景色がよかったから」です。

長野に住んで生きていこうと決意してから、どこに住むかをずいぶん考えました。夫の仕事の通勤圏内で家探しが始まりましたが、既存の住宅を買ってリノベーションするのか、土地を買って建てるのかでも、かなり悩みました。

そんなときにふらっと見に行った御牧原のこの土地に、一目惚れをしたのです。


とても寒い2月の日でした。

不動産屋で紹介してもらった土地へ車で向かっていると、右手には雄大な浅間山がすっきりと見え、左手の地平線には北アルプスがくっきりと浮かび上がるのが見えました。

「わぁ」と思わず声が漏れました。

その後にもいくつかの土地を見学しましたが、この感動に勝るものはありませんでした。

迷った末に父親に電話をすると、「土地は一目惚れで買え」という金言をもらい、購入を決意。残念ながら、父はパン屋を始めてからすぐに亡くなってしまったため、見せることはできませんでしたが。


お店も同じ場所につくったのは、「この場所の景色をお客様に見せたかったから」それだけです。

山の上に登ったのに、それより高い山がもっと遠くに見えるこの景色は、私にとって素晴らしい価値を感じるものでした。

大地にまっすぐ道が伸びる様子は、さながら北海道を小さくしたような、ヨーロッパの片田舎のような。そんな牧歌的な風景にすっかり心を奪われました。

こんな風景これまで見たことがなかったけれど、それはただ、来る理由がないから見ることができなかったんだと思いました。

もしもここに「来る理由」があったら、この風景を見ることができる。いろんな人がこの場所に来る理由をつくるために、ここでお店を開こうと思ったのです。


もし、かつての自分と同じように都会で生活していた人が、「おいしいパンがある」と聞きつけてこの地にやってきたら、景色に感動するかもしれません。素晴らしい借景となり、パンのおいしさがより良い思い出になるかもしれません。

そんな日が来るためには、まず、ここまで来ていただく努力を重ねなければいけない。

ここにお店があることを知ってもらうために、告知を頻繁にしよう。ブログを書こう。SNSを活用しよう。美しい写真を撮ろう。そう考えてひたすら手を動かし、たくさんの人に知っていただく努力を重ねはじめました。

山の上に旗を立て、目印をつけるように、インターネットの中で、毎日大声で叫び続けなければ誰にも認知されないだろうと思い、こまめな情報発信を心がけました。

駅前の店のように、通りすがりの方が偶然来ることはありません。自分が仕掛けなければ何も起こらないということが、逆にやりがいにつながっていったのです。

偏りもヒエラルキーもない場所

パン屋をやると決めてから、「どんな店にするか」という方向性を考えていました。

まずは、敷居の低さもありながらも、だからといって雑然とした場所ではなく、気持ちのいい場所となりたい。当時はそれを「公園」と表現していました。

誰でも来てもいいし、誰が来てもおかしくない、そんな場所です。

「パン」というものを選んだ理由の1つに、「とにかくお客様の層が幅広い」ということがあります。単価が低くて、毎日食べられるから、畑仕事を終えたおじいちゃんが軽トラに乗ってやってきたり、ハイヒールのお姉さんがベンツから降りてきたり、老若男女を問わず、いろんな人に買ってもらえます。

ですが、店を山の上ですることを決めたため、来店する敷居自体は高くなってしまいました。長野県の山の上という立地だけで、まず人を拒んでしまっています。だからこそ、立地以外はとことん敷居を低くして、あらゆるお客様に開いた場所でありたいなと思いました。

そして「わざわざ来てくださってありがとうございます」という気持ちを込めて、「わざわざ」という名前をつけました。

もう1つの方向性は、「なるべくお客様にとって良い選択肢を提供したい」ということでした。

初期に影響を受けたお店の1つに、オーガニックの専門店があります。

その方は、ご自分のお店を「環境負荷を軽減するための活動」という認識でやっていらっしゃるようでした。ここに来れば、体に良くないものはこの本を読んで、少しでも前向きな気持ちになってもらえたらうれしく思います。わざわざ手に取ってくださり、ありがとうございました。

本を出版するにあたって、たくさんの方々にお世話になりました。出版チームのみなさま、「わざわざ」で働いてくれているみなさま、これまでお世話になった取引先のみなさま、「わざわざ」を快く受け入れてくださった地域のみなさま、「わざわざ」をいつもご利用くださるお客さま、そして家族に。感謝の念を伝えて最後としたいと思います。

いつもありがとうございます！

平田はる香

本書の仕様について

「平田さんの本をつくるなら『わざわざ』と同じやり方で」編集チームはそう提案してくれました。左の絵は、装丁家の吉岡さんからいただいた「造本プラン」というものです。

パンのような紙質のカバー、丸くくり抜いて見える表紙写真など、デザイン面を含めさまざまな工夫が凝らされていますが、いちばんの特徴は、「廃盤が決まった2種類の書籍用紙を組み合わせて、本文ページを構成する」というもの。「ゴミになりそうな、余っている資源を活かす」という「わざわざ」のものづくりのルールに則ったプランです。

通常、廃盤が決まった紙は再生紙となるのですが、そのためには一度紙を溶かす過程でCO_2が発生してしまいます。そのことを考えると、リサイクルするよりもその

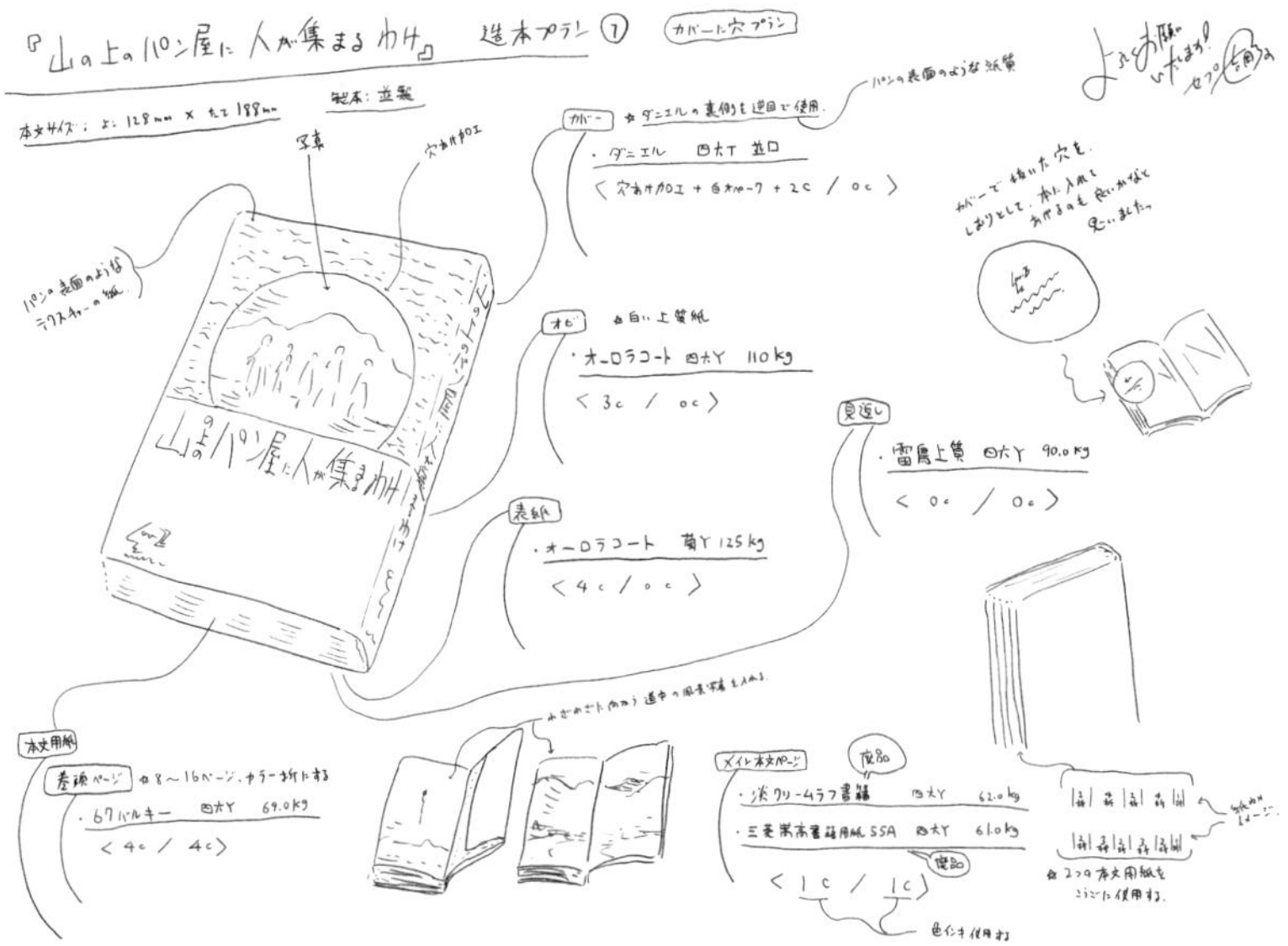

　ままで使ったほうがいいのです。もちろん廃盤になるからといって安くなるわけではなく、正規の価格で買い取っています。
　その見た目も美しく仕上がっています。２種類の紙を使用しているのですが、よーく目を凝らして見ると、快適な読書体験の妨げにならない範囲で、紙の色が異なることがおわかりになるかと思います。
　本文に使う用紙は、「その時々で廃盤になる紙」を利用していく予定なので、重版ごとに変わっていく予定です。おたのしみに！

山の上のパン屋に人が集まるわけ

2023年4月28日　第1刷発行
2024年3月29日　第4刷発行

著者
平田はる香

企画　あかしゆか・高部哲男・高橋団
構成　土門蘭
編集　大塚啓志郎・有佐和也・感応嘉奈子
営業　高野翔・秋下カンナ
営業事務　吉澤由樹子
写真　若菜紘之
ブックデザイン　吉岡秀典（セプテンバーカウボーイ）
印刷・製本　藤原印刷株式会社

発行者
青野慶久

発行所
サイボウズ株式会社
東京都中央区日本橋2-7-1
東京日本橋タワー27階

発売
株式会社ライツ社
兵庫県明石市桜町2-22
TEL 078-915-1818
FAX 078-915-1819

乱丁・落丁本または書店さまからのお問い合わせ
ライツ社　https://wrl.co.jp
そのほかのご感想・取材依頼・お問い合わせ
サイボウズ式ブックス　https://cybozushiki.cybozu.co.jp/books/

ISBN 978-4-909044-44-0

食べないようにできるとか、環境に負荷をかけない買い物ができるとか。ただ好きなことをやっているだけではない。理念がしっかりとあって、それが伝わる店づくりはとても良いなと思いました。

だから、自分もせっかくお店をやるなら誰かの役に立ちたいと、自然と考えるようになりました。お店を通して誰かを幸せにできたらいいなと。

じゃあ私はどうしようと考えた結果、「なるべく良い選択肢を、なるべく押し付けない形で提供する店にしよう」と決めました。なるべく体に良くて、環境にも良い、そんなパンを提供する。そうすれば、自分に関わる人たちがみんな、無理せず健康的に暮らせるのではないかと思ったのです。

ですから、最初は「天然酵母」や「国産小麦」という言葉を看板に書いていました。すると、自然派志向のお客様が集まるようになっていきました。

ただ、この一手が望まぬ状況を生んでしまったのです。

もちろんいろんなお客様がいらっしゃるのは望んでいたことなのですが、

じました。

逆に、自然派志向を持つ方以外のお客様を遠のかせてしまっているなと感じました。

開業した2009年の当時は、まだ環境問題やトレーサビリティに対しての問題意識が低い時代で、そういった思想は一部の人だけが意識している状況でした。

長野だとますますニッチになってしまい、マクロビオティックやヴィーガンの方がふつうに買い物できる店が少なかったので、目立ったということもあったと思います。

「家族が自分の食への考え方を受け入れてくれないのだけど、説得するにはどうしたらいいか」とか「アレルギーが出るのだけど何を食べたらいいか」といった相談を受けることが多くなり、困惑してしまいました。

私は誰かに健康意識を押し付けたいのではなく、おいしくて体に良いパンを食べてほしいだけなのに、偏っていく客層に、少し違和感を覚え始めました。

「軽トラからベンツまで」という言葉が表すとおり、近所の人にも買いに来てほしいし、自然食品に興味のない人にも買いに来てほしい。どちらかだけに偏るのは嫌なのです。

それから、「天然酵母」や「国産小麦」という言葉を看板から外しました。

当初から環境に配慮してレジ袋を有料にしていたのですが、それもＰＲするのを止めました。ＰＲすると、そういう思想の人だけが集まってしまう時代だったのです。

今は世の中が環境に配慮する方針に向かうことが当たり前になってきましたが、当時はまだまだそんな状況ではありませんでした。

その後、私は純粋に「おいしさ」を追究することにしました。

なぜかというと、「健康に良いから」という理由で何かを食べ続けることは難しいですが、「おいしいから」という理由なら、人は喜んで食べ続けてくれるからです。

子どもでも大人でも、「体に良いから食べなさい」と言っても積極的には食べませんが、「おいしい」と感じたら喜んで買って食べます。

「おいしい」が一番強いのです。

もちろん「おいしい」の定義は人それぞれ違うけれど、私の「おいしい」はこういうパンですがいかがですかと提案して、それが一致すれば、「おいしいから買い続ける」という連続性が生まれます。その先が「健康」につながっていれば、こんなにうれしいことはありません。

おいしくて健康的なパンを、みんなに食べてほしい。とてもシンプルなことですが、それが実現すれば「おいしいは正義」です。

「こんなにおいしいけれど、いくら食べても体に負荷をかけないですよ。しかも環境のことも配慮していますよ」というふうに、「おいしい」以外のことは後ろ手に持っておく。あえてそこは前に出さないで、お店をやっていくことにしました。

さらに、来てくださった方々により楽しんでもらえるように、パンだけではなく日用品も良質なものを揃えました。

開業当初は1人でパンを焼いていたため、製造量が少なく、せっかく山の上まで登ってきていただいても、タイミングによってはパンが買えないという状況がありました。

来店したお客様ががっかりする様子に胸が痛み、自分がこの状況をつくっていることが悔しく、どうしたら喜んでいただけるかということをずっと考えていたのです。

「わざわざ」のパンが好きな方は、おそらく食にこだわりがあるだろうと食品を取り揃え、お客様が喜んでくれそうな消耗品や日用品で、自分が愛用していて友人にもおすすめできるような商品をセレクトして、どんどんラインナップに加えていきました。

買えないことがないように、種類もできるだけ多いほうがいい。近所のお客様には、できれば近隣で販売していないようなめずらしいもののほうが喜ばれるだろう。遠方から来たお客様には、逆に長野でしか買えないものがうれしいだろう。作り手に物語があり、厳選された、ここでしかないものも見つけられたらいい。

店で会話したお客様の顔を1人ひとり思い出しながら、あのお客様はこういうものが喜ぶだろうと想像して、商品を選んでいきました。

夫婦で来たら、家族で来たら、小さな子どもを連れてきたら、お年寄りだったら、サラリーマンだったら、自営業だったら、同業者だったら、旅行で来たら、近所だったら……。とにかく、想像力を働かせて、さまざまな人の気持ちになって、どんなお店だったらうれしいかを考えて、サービスをつくっていく。

そうやって、どんどん「来たい」という理由を増やしていくことで、今の形になっていきました。

私が見つけた素敵なものを伝えたい、共有して分かち合いたい、みなさんにも楽しんでいただきたいという根っこの気持ちは今も変わりません。自分が良いと思ったもの、信じているもののためなら、努力を惜しまない。むしろその努力は、自分の生きがいへとつながっていったのです。

偏りもヒエラルキーもない場所

「わざわざ」を始めたのは、2009年2月、32才のときのことでした。

DJを目指していた頃には考えてもいなかったことです。

地の利を捨てて、地方のアクセスの悪い場所を選んだことで、都市と地方のヒエラルキーから解放されました。すると、「DJで成功したい」という自分の欲求の塊だった考え方から、ゆるやかな「みんなの幸せ」を中心にした考え方に変わっていきました。

そして、自分が対等だと思えない、偏っていて不条理だと感じることを「わざわざ」という店を通して変えていきました。

働き方も、お金のもらい方も使い方も、人間関係も、私自身が納得できる「等価交換」の形に近づけていく。そんな日々が始まりました。

健康的な働き方とは？

「わざわざ」では現在、自家製酵母のカンパーニュと、超長時間発酵の微量イーストの角食パンという、2種類のパンをメインに販売しています。

今ではパンを2種類に絞っていますが、開業当初は27種類ものパンを作っていました。5種類のベーグルに、カンパーニュにバケットに食パン、あんパンやベーコンエピや、それから焼き菓子も。それを1人で全部作って売っていたのですから、かなりの過剰労働になっていました。

当時は金曜と土曜だけの販売だったので、月曜から徐々に焼き菓子を仕込みはじめ、金曜土曜にパンを集中して焼くというルーティン。

パンの種類が多く仕込みに時間がかかるため、週末は仮眠だけして、ほぼ夜通し焼いてお客様に販売します。陳列やレジ、通販業務も1人でやっていたので、ひたすら働いて、終わったら泥のように眠るという怒涛のスケジュールでした。

周りにあまりパン屋さんがなかったこともあり、口コミでどんどんお客様が増えていきました。売れるのが本当にうれしくて、接客もとても丁寧にしていたと思います。そうすればまた、次の週も来てもらえるのではないかと考えて。

喜んでもらえていたのは実感としてあったし、やりがいもすごくありました。

ただ、この仕事量を1人でやるのはやっぱり無理があったのです。そのことにしばらくの間、気がつきませんでした。

もともとハマると徹底的にやらないと気が済まない性格をしているので、パンの製造販売はもちろん、フライヤーをデザインするのも、配布するのも、全部1人でやっていました。体は疲れているはずなのに気持ちは楽しいから、限界に達していることに気がつかず、働きすぎてしまったのです。

あるイベントに出店する日の朝、ついに倒れてしまいました。

「ちょっと横にならないとな」と思った瞬間から記憶が抜け落ちています。

気がついたら厨房の床で倒れていて、家族に発見されました。ただガーッと寝ていただけなのですが、強制終了のスイッチが入ったような状態だったのだと思います。

そのとき、やっと自分がハードワークをしていることに気がついて、「これはいけないことだ」と思いました。開業当初に掲げたコンセプトが「健康的な生活を、なるべく押し付けない形で提供しよう」だったのに、自分自身は健康的な生活を送れているだろうかと、自問するきっかけになりました。

自分が働きすぎることで、自分の心身にとってはもちろんのこと、周りの人にも迷惑や心配をかけてしまっている。働き方を変えなければならないと思いました。

健康的な働き方、つまり「働く量」と「得られるお金」の等価交換です。


まずは製造量を保ちつつ、労働を軽減するためにも、パンの種類を減らすことにしました。種類を減らせば、それだけ作業もシンプルになり、同じ量を作るのでも労働負担がかなり減ります。

27種類ものパンを1人で焼き続けるのは、そもそも無理がありました。


次に、価格の考え方も変えました。

というのも、1人で働いていたために人件費の概念が薄く、材料原価だけをコストと試算して価格をつけてしまっていたのです。でもそれだと、当然のことながら売れても売れても利益が出ません。経営について学んだことがなかったので、そんな当たり前の原価計算すらわかっていませんでした。これは失敗した！　と途中で気づいて、徐々に適正価格にまで引き上げていきました。

基本的に飲食業は、薄利多売でないと成り立たない構造です。この構造が自分の労働環境を悪くしているのだなと、だんだん実感していきました。パンは客単価が低い。こんなにがんばって働いても週に3万円くらいしか稼げないなんて、なんだか間違っているなと思いました。

その後、日用品の販売に力を入れていったのも、労働集約型のパン以外の売上をつくろうと思ったからです。日用品は腐らないですし、在庫さえあれば、売上をつくるチャンスになります。

最後に、製造方法も変更することにしました。

パン屋さんは朝が早いというイメージどおり、朝の開店に合わせて焼き立てのパンを提供するには、夜中に仕込みを行わなければなりません。

でも、夜はきちんと寝て、朝仕込みができるような製法があれば、労働負担も軽減できて持続可能な働き方になる。そう考え、パンの製造方法自体を変更することにしたのです。

この「労働サイクルに合わせた製法を考える」というのが一番大変でした。

ですが、「パン屋とはこういうもの」だという既成概念を変えないと、お店を健康的に続けていけない。生産スケジュールを自分の生活に合わせ、人間らしい生活を送ることを私のパン屋のミッションにしよう。そしてそれは、パン屋をやったことがなかった私だからこそ、できることじゃないだろうか。

そんな思いが、あの頃の私を動かしていました。

天然酵母を使用したパンは、通常の製法だと約7時間の発酵が必要です。

つまり、朝10時に開店するのなら、朝の3時には働き始めなければいけません。9時にオープンしたければ2時起きです。パン屋さんにはそういった変則労働がつきものです。

初期投資として、発酵管理ができる大型の機械を導入するケースもありますが、私のような「小さなパン屋でできることから始めよう」という小規模の開業には向いていませんでした。また、冷凍生地を使用して、開店前に焼き上げるだけのパン屋もありますが、自分のやりたいと思うおいしさや健康とは違うものだと、選択肢からは外れていました。

お客様のニーズを満たしつつ、自分も人間らしい健康的な生活をしたい。その思いをあきらめきれなかったので、なんとか両立できないかと模索を続けました。

理想は、朝5時に起きて夕方に閉店することです。

となると、パンの発酵を24時間サイクルにするのが一番良さそうだと考えました。朝5時に起きて仕込んだ生地を、翌朝の5時から焼くというサイクルです。

ただ、それはすごく難しいことでした。

多くの本を読んだのですが、そんな製造方法はほとんど載っていません。今でこそ「微量イーストで長時間発酵」させる方法など、たくさんのレシピ本が出ていますが、当時は参考になる本はほんのわずかしかありませんでした。

さまざまな本を読み、発酵について調べ上げ、海外の未翻訳の本まで必死に訳して製法を調べ……。何度も実験を重ね、なんとか24時間発酵のオリジナル製法を編み出すことができました。今もその製法でパンを作っているのですが、この製法を考える段階が一番大変でもあり、おもしろくもありました。

もし私がパン屋出身だったとしたら、業界の常識が頭に染み込んでいて、「パン屋とはこういうものだ」という考え方から脱却するのは難しかったように思います。

既存の常識や違和感と向き合い、「じゃあどうすればいいいか」を考え続けること。

それを愚直に繰り返し、価格や製法を新しくしてからは、ちゃんと夜に寝て朝起きるライフスタイルを守っています。


そうやってどんどん私の働き方を変えていった結果、お客様にも変化を強いることになったのは事実です。

やはり、最初はいろいろ言われました。種類は減るし、値段は上がる。不満に思う方も当然いらっしゃいました。

だけど、そうしないと疲弊してしまう。

自分の健康が壊れてしまったら、おいしいパンなんて作れない。自分の心身が前提にあってこそ、お客様の幸せを追求できる。それでいなくなる方やわかってくれないお客様に対しては、「仕方ない」「合わなかっただけ」と考えることにしました。

これは、パン屋だけではなくどんな職種の人にも言えることだと思います。

最優先すべきは、自分の心身。心身ともに健康的だからこそ、良い仕事ができるのだと。

今でも、健康的な働き方を実現するために、徹底的に頭と体を一致させるような効率化に取り組み続けています。

どこで売る？（どこでどうお金を稼ぐのか）

「どこでどう売るか」「何を売るか」「誰に売るか」。

お店をやるには、この3つのことを考え続けなければいけません。お店だけではなく、あらゆるビジネスに共通していることだと思います。

お店や事業をされていない方でも、「自分はどこでどうお金を稼ぐのか」「自分は何をお金に変えるのか」「自分は誰からお金をもらうのか」と言葉を変えれば、イメージしやすいでしょうか。

場所と方法、商品、お客様の組み合わせ。

これら3つをじっくり考え、お店や自分が成長していくとともに、それらのあり方をどんどんアップデートしていかなければなりません。それが、お店や自分に人が集まり続けてくれる理由になると思うのです。

まずは「場所（どこでどうお金を稼ぐのか）」について。

私はものを売る場所のことを、ただの「プラットフォーム」だと考えています。

プラットフォームとはコンピュータの「基盤」を指す言葉ですが、「わざわざ」ではこれまでに、その基盤ごと乗り換えるということを何度も行ってきました。プラットフォームにこだわりを持たず、大胆に基盤を入れ替えたあと、大きくバウンドするように成長を重ねてきたのです。

そもそも、お店を出店しようと考えたときは、できるだけ人通りの多い場所に構えようとするのがふつうだとは思います。ですが、「わざわざ」の場合、最終的に人があまり通らない山の上に構えました。

山の上に店をつくるということは、「わざわざ」のことを知っている人しか来ないということになります。偶然通りかかった人が来店するケースはほぼないに等しく、お客様のほうからお店を目指してくれる状況をつくらねばなりません。

作っているものも取り扱っているものも少し個性的な商品が多く、一般受けするものではないということがわかっていたので、「探していたけど見つからなかった」「やっとここで見つけた!」というような気持ちといっしょに商品やお店にたどり着くような、お客様が渇望して来店するようなイメージを持っていました。

そしてさらに、そこに素晴らしい景色があれば、やっと見つけたものと融合して、かけがえのない体験になるのではと考えたのです。

ここからはプラットフォームの変遷とともに、一介の主婦が始めたパンと日用品の店が、どのように成長してきたのかをお伝えしたいと思います。


「わざわざ」は最初、移動販売から始まりました。

理由は、できるだけ初期投資をかけたくなかったことと、いずれ山の上に実店舗を構えたときのために、自分からさまざまな場所を訪れて、まずは知ってもらったほうがいいと思ったからです。

店舗を借りると1ヶ月ずっと家賃がかかりますが、移動販売だったらその日の分だけで済みます。さらに私の場合、子どもを預けているときしか動けなかったので店舗を借りるのは無駄が大きいと思い、移動販売をさせてもらえる場所を探しました。

はじめは、人が集まりそうな児童館やヨガ教室など、さまざまな場所を渡り歩いて出店していました。でもそうすると、お客様がその日その場所に来られる人だけに限られてしまいます。もっといろんな人に来てほしいなと思ったので、店舗を持たないにしてもできるだけ同じ場所で固定して販売してみようと、定期的に借りられる場所を探しました。

そして、小諸市の観光案内所と公民館を複合したような施設を見つけたのです。

築100年程の歴史のある素敵な建物で、書道教室や陶芸の展示会などの生涯学習を発表する場として利用されていました。そこが1時間数百円という破格の値段で、スペースの貸し出しを行っていたのです。

「ここだ!」と思いましたが、過去に貸しスペースが商用利用されていた例はなかったとのこと。めげずに相談に伺い、「商用利用なので利用料は高くてもかまいませんし、毎週定期で利用するので、ここでパン屋をさせてくれないか」とお願いしました。先方は悩んだ末にオッケーをくださって、そこで5ヶ月間ほどパン屋をさせてもらえることになりました。

そうと決まれば、「ここでお店を出します」というフライヤーやポスターをつくり、配布を始めました。ブログを開設し、パンを焼く様子や開業までのプロセスを書いて公表して……と、とにかく告知をしていきます。

こういったやり方は、すべてDJをやっていたときのイベントの宣伝方法です。昔のノウハウをフル稼働しつつ、毎週出店を続けました。

だんだんと口コミで人が集まってくれるようになり、毎週買いに来てくれる常連さんも現れ、順調に売上が伸びていきました。

開業してすぐの3月から5月まではとても調子が良く、出だしは好調。ですが、6月になったらなぜか急にパタンと売れなくなりました。人が全然来なくなったのです。本当に動揺しました。どうして急にお客様が減ったのか、理由が全然わからない。「もしかして自分が何かしでかしてしまったんじゃないか」と、すごく不安になりました。

そのうちパンが大量に余るようになって、家でも食べきれず困ってしまうほどになりました。宣伝をどれだけがんばっても、6月、7月、8月と、全然売上が伸びないのです。

作ったパンを捨てるのがどうしても嫌なので、知人に配ったりもしていきました。もうここまで来ると、最終手段です。

でもそれは、友達に頼んでイベントに来てもらうという、DJ時代にやっていてすごく嫌だったことと同じでした。同じことを繰り返してはいけないなと強く思い、9月には撤退を決めました。

のちに知ったことなのですが、梅雨になるとパンへの食欲が減退するらしく、夏はパン業界全体が振るわなくなる時期なのです。そうめんやそばなど喉越しのいいものを食べたくなるからというのが、業界の通説でした。

当時はそんなことさえ知らず、毎日の結果に一喜一憂して、何がいけなかったのか、やれることはやっているのかと自問自答を続けて、改善できる部分を必死になって考えていました。

ただその出来事が、自宅店舗のオープンへと舵切りをするきっかけになりました。お客様が来るかどうかもわからないのに、車でせっせと商品を売り場まで持っていくのが無駄に感じてきたのです。

それなら家を店にして固定させたほうが、効率が良い。それに気がついた頃には「わざわざ」の知名度も少しだけ広がっていました。

「だめならやめたらいいいか」くらいの気持ちで始めたパン屋でしたし、売れない苦しみも経験しましたが、この移動販売の時期にやりがいを感じられたのは収穫でした。

パンがちゃんと売れて、食べてもらえる。完売して、また次も買いに来てもらえる。そのことがとてもうれしかったし、続けていくモチベーションにもなりました。

さて、こうして次は売る場所を自宅店舗に移します。

開業から半年間で貯めたお金を注ぎ込んで、自宅の玄関先で店をオープンすることにしました。

もともと、駅や交通手段のない辺境地です。ゼロからこんなところに人を集めるのは困難だと思っていましたが、半年間の移動販売が自宅店舗の宣伝になっており、オープンしてからもお客様がよく来てくださいました。

それとほぼ同時に、東京のファーマーズマーケットに出店するようになります。

移動販売期に、移動しながら販売することがいかに大変かということを痛感したので、今度は「ちゃんと売上が出そうな場所に狙いを定めよう。メリットのある場所のみに絞ろう」と戦略を立てて、出店することにしました。

ちょうどその頃、東京ではマルシェが流行り始めていました。

青山や日比谷など、都内のいたる所で開催されていたそれらにひととおり行ってみて、「わざわざ」と雰囲気が合いそうなところは青山の国連大学前のマルシェかなと、見当をつけて申し込みました。それがはじめてのマルシェ出店です。

東京のイベントに出店したのは、東京の人に知ってもらわないと、オンラインストアの売上が伸びないと考えていたからです。

はじめから、自宅店舗だけでの販売は考えていませんでした。

山の中にあるリアル店舗だけだと、実際に来てくださるお客様の数も売上高も限られてしまいます。そこにオンラインストアの選択肢を加えることで、売上の軸を2つ持とうと思っていました。オンラインストアは2009年9月、販売場所を自宅店舗に移したときにスタートしました。

イベントでは、まず知ってもらうことが重要です。フライヤーをたくさん持っていって宣伝するのはもちろん、お店の見せ方を工夫してつくり込みました。

単に「オーガニック」とか「健康志向」を謳っているだけでは、個性やインパクトが足りず、たくさんのお店の中で埋もれてしまうかもしれません。ですが、ディスプレイで目立つことができれば、メディアの取材を受けられる可能性があります。まずは「マルシェ出店の1ヶ月の間に全国誌からの取材を1つ受ける」というのを目標にして、そこで声が掛かったら出店をやめようと考えていました。

そのうち、主婦の友社のライターさんが声をかけてくださって、ムック本6ページに渡る記事にしてくださったのです。

2ヶ月目で目的が達成されたので、そこですっぱりと出店を止めました。イベント出店を切り上げ、代わりにオンラインストアへとプラットフォームを移すことになります。

とはいえ、実は青山に出店していた時期には1日の売上が15万円ほどあって、これは、当時の長野の自宅店舗の5倍ほどでもありました。毎週来てくださる方も現れ始めて、確実にファンが増えた手応えも感じていました。

その売上はたしかに惜しかったのですが、そもそもの目的は「東京の人に知ってもらって、オンラインストアに来ていただくこと」です。それが達成された時点で、イベント出店はやめるべきだと思っていました。作る場所と売る場所が離れていて労力がかかるので、健康的な働き方のためには一時的なものにしておくべきだと考えていたのです。

それに「人気のあるときに出店をやめるのがいい」とも思っていました。鮮度がなくなると、求心力は落ちてしまいます。「二度と出ない」ことで価値を高める。本当にもう出店しないんだとわかれば、オンラインストアに買いに来ざるを得なくなる。そうやって、「わざわざ」への道を1つに集約させていくことが、山の上で生き残る道。

結果、オンラインストアの売上は、それを境に飛躍的に伸びました。

現在も「わざわざ」のアイデンティティである「わざわざ来てくださってありがとうございます」を守るために、イベント出店は山の上までの道を描けるときのみと決めています。

その後、2011年の東日本大震災を契機に、玄関先ではなく自宅横に、実店舗を建てることをようやく決意しました。

なるべくエネルギーの選択肢を1つの方法に依存しないようにしたいなと、考えるようになったからです。

ガス窯しかなかったら、災害時にガスが止まってしまったとき、パンを焼くことができません。エネルギーの選択肢を増やすためにも、ガス窯と薪窯を両方持とうと決めました。薪窯は、以前からずっと憧れていたのです。

ですが、薪窯でのパンづくりは労働負担が増えて、私自身がつらくなることが目に見えています。

調べていくと、少ない薪で燃焼効率が良い「ロケットストーブ」というものが見つかりました。そこで、その仕組みを取り入れた薪窯をゼロから開発したらどうだろうと考えたのです。

薪窯をつくるとなると、実店舗も構えないとスペースが足りません。薪窯も実店舗も、震災以前から漠然と考えてはいたのですが、妄想するだけでなかなか踏み出すきっかけが見出せませんでした。あの震災で決心がつき、行動に移すことができたのです。

2012年3月、実店舗をリニューアルオープンしました。オープン後にはますます多くのお客様に来ていただけるようになり、同時にオンラインストアも改良を続けていきました。こうしてプラットフォームをどんどん乗り換えていきながら、在庫をより多く置けるよう、倉庫も拡張していきました。

通常、基盤（店舗）の乗り換えはかなりのリスクを負います。そのため、多くのお店や企業はあまりそんなことをしません。

でも、セブンイレブン創業者の鈴木敏文さんの考え方は違いました。セブンイレブンは、特定の地域に集中的に出店する「ドミナント出店」や、同地域に出店を行うときに、あえてスクラップ&ビルドする経営手法が有名です。

店舗ごと潰して新しい店をつくり、大胆に質を上げていく。環境コストなどを考えると私はやりたいとは思わないけれど、経営的な視点では学びが深く、同じような視点で考えてみてはどうだろうと、本を読んで感銘を受けたのを覚えています。

移動販売→自宅の玄関先＋マルシェ→実店舗＋オンライン。このように「わざわざ」は、成長に合わせて服を着替えるように、プラットフォーム、つまり「どこで売るか」を変え続けてきました。

フェーズによって適正な場所に移動して無駄を減らし、売上高の閾値を上げ、新しいお客様と出会い、さらには働く私自身のストレスも減らしていく。

それが、成長という形になって返ってきているのだと思います。

何を売る？（何をお金に変えるのか）

次は、「商品（何をお金に変えるのか）」についてです。

「わざわざ」では現在、カンパーニュと角食パンという2種類のパンと、自分たちが使って心から「良い」と思った日用品、そしてオリジナル商品など約2500種類の商品を販売しています。

開業当初は27種類のパンとお菓子を焼いて販売していたのに、商品のラインナップが今ではまるで変わってしまいました。

なぜ売るものが変わっていったのでしょうか。

目的の1つは「効率化」です。

1人で27種類ものパンを焼いていると単純に非効率なので、少ない労働力でより製造量を増やせるよう、まずは種類を減らして価格を上げたことはすでに書きました。開業してからどんどん労働時間が増えていき、仕事で疲弊する日が続いていたので、もっと自由な時間が欲しい、家族との時間が欲しいと考えた結果です。

そして、パンの種類を減らしたのには、もう1つの理由があります。

それは、自分の健康と同時に「お客様の健康を守るため」でもありました。

当初作っていた商品の中に「チョコレートパン」がありました。ココア生地にオーガニックのチョコレートとオレンジピールを混ぜたパンで、とても人気のある商品でした。

お客様の中に、いつもそのパンをあるだけ買っていってくださる方がいました。5個とか10個とか、たくさんまとめ買いされるのです。

そのうち、その方が日に日にふくよかになっていき、1年後には体型が変化しているのが見てわかるまでになりました。

「私のパンが原因で太っていっているのかな」と不安になりました。

そして、いちパン屋がお客様に対して口を出すことではありませんが、思い切って「このパンをいつ召し上がっているんですか」と、その方に聞いてみたのです。

すると、「冷凍しておいて、会社でお弁当の後に食べてます」とのことでした。食後のデザートに毎日食べているという事実に、まず驚きました。そして、衝撃を受けた私はとっさに言いました。

「もう、明日からそのパンを焼くのやめようと思います」

お客様は「えー！」と驚いていましたが、「その食べ方は、お客様の体にとってあまり良くないように感じます。もし手元にあると食べてしまうなら、私が焼かなければいいだけですから」と言ってしまったのです。

自分で作ったパンを「体に悪いから」と言って、もう売らないパン屋なんてめちゃくちゃです。だけど当時の私は、自分の作ったものが誰かの健康を損ねているかもしれないという事実を、どうしても許容できませんでした。

ヘルシーで健康志向のパンを焼いていたはずなのに、お客様の体つきがどんどん変化していってしまった。自分はそういった甘いパンを一切食べないのにもかかわらず、「人気だから」という理由でお客様に販売している自分の不誠実さが恥ずかしくもなりました。

過剰な労働で自分の体も悪くなって、人様の体も悪くする。そこに何の幸せもないのではないかと、自問自答してしまったのです。

そのときに、『「わざわざ』のパンはデザートではなく食事である」ということをはっきりと認識しました。そして、商品を食事パン2種類まで減らすことを決めます。

「食事パンしか焼かない」と宣言すると、お客様は1人2人と減り続け、開業当初から通ってくださった方はみるみるうちにいなくなっていきました。ですが、共感してくれる人はどこかにきっといるはずと信じ、2種類のパンのクオリティを上げ、SNSでその工夫を訴えることに注力しました。

現在販売している角食パンは、国産小麦を用い、良質な副材料を選び、かつ不要なものはできるだけ少なくして、微量イーストで24時間発酵。粉の甘みを引き出す製法で、ガスオーブンで焼いています。カンパーニュは同じく国産小麦を用い、自家製の小麦酵母で24時間発酵。その後、薪窯で焼き上げています。

2つの対照的なパンを作り続けることで、製造工程をさらに効率化し、より多く、よりおいしいパンを焼けるようにしました。今では全国からお客様が訪れ、この2種類しかないパンを大事そうに買ってくださいます。

2種類に切り替えた直後はお客様が減り、売上が激減してしまいました。ですが1年ほどで回復し、2013年には売上1千万円を超え、翌年からも2倍ずつ成長していくことになりました。

結果的に「大成功だった」と言えると思います。

ちなみに、チョコレートパンを購入してくださっていたお客様は、その後もずっと常連でいてくださいました。それはとてもうれしかったです。ありがたい気持ちでいっぱいですし、これこそ自分が求めていた「何を売るか」の答えだと思っています。

とはいえ、パンだけでは売上に限界があります。

日用品を取り扱うことにしたのは、開業半年で移動販売を撤退し、自宅の玄関先で店舗を始めたときです。移動販売で得た資金で日用品を仕入れることにしました。このときから「わざわざ」は、「パン屋」から「パンと日用品の店」になります。

なぜ日用品を取り扱うことにしたかというと、繰り返しになりますが、開業してすぐに「パンは客単価が低い」と痛感したことと、お客様のメリットを同時に解決しようとしたからです。

開業する前は、「パンは単価が低くて毎日食べられるから、とにかくお客様の層が幅広い」ことに魅力を感じていましたが、実際にそれを売ってみると、かなり厳しいものがありました。飲食業や菓子製造業の儲からない構造こそが労働環境を悪くしているのだと実感しはじめ、労働に対して正しい対価をもらえないことに嫌気がさしてきたのです。

ではどうすればいいかと考えて、日用品の販売を強化していきました。パンを買うついでに日々使うものが買えたら、お客様にとっても良いだろうと。

当初お店に並べる日用品は、「自分が愛用しているもの」のみに限定していました。店にあるものは全部食べたことがあるし、全部使ったことがある。だから、全部くわしく説明できます。これはこんな味で、これはこんな使い心地。経年したらこんな感じになりますよと、実物をお見せすることもできます。

だから、お客様にとってはリアルで説得力があったのでしょう。お店に来たお客様を友人のような気持ちで迎えて、自信を持っておすすめすることができました。

パンとともに、日用品もはじめの頃からかなり順調に売れていきました。それから少しずつ品揃えを充実させていくと、「自分が愛用しているもの」だけでなく、いろんな「良いもの」を集めて売りたいと思うようになりました。

「わざわざ」で取り扱うものの基準として当初から掲げていたのは、「ゴミになりにくい、長持ちするもの」です。

D&DEPARTMENTさんは、「長く続く良いデザインを広めよう」という理念で「ロングライフデザイン」を紹介する事業を行っています。Dさんを見つけたときに、「ああ、似たような思考でものを選ぶ人がいるんだな」とすごく感動した覚えがあります。

また、広告のない雑誌「暮しの手帖」にも大きく影響を受けていて、編集部が行う、メーカーに忖度しない中立的立場においての商品テストや、読者にとって一番良いものは何かを考える姿勢には、とても感銘を受けていました。

手探りで仕入れては販売していく。

でも、まだはじめの頃は「良いもの」とはどういうものかをちゃんと言語化できていませんでした。「長く人から愛され続けるものとはいったいどんなものだろう」と、このときから真剣に模索しはじめます。


長野県にある石鹸会社「ねば塾」さんとの忘れられない出会いがあります。

昔からずっと愛用していた「ねば塾」さんの商品を仕入れさせてもらいたいと、2009年、創業者の笠原愼一さんにお会いしました。そのときにお話させてもらったことが、のちの経営観に深く影響を及ぼしたように思います。

ねば塾さんは1978年2月、ある福祉施設から2人の方を引き取って、障害者の経済的自立を目指して設立されました。笠原さんはサラリーマンを経た後に福祉施設で働くようになり、その後「ねば塾」を創業。

そういったストーリーをご本人に伺いながら、工場を見学させてもらいました。

一般的な福祉施設は、行政からの補助金を受けて設立されていることがほとんどで、施設にいる方は、保護保証の元に生活が成り立っている場合が多いそうです。

でも「ねば塾」の場合は大きく異なっていて、障害のある人々が望むごくふつうの暮らし――「自ら働き、その収入で暮らす」といった形態を会社でサポートしているということでした。

従業員として雇い、給料を渡し、ふつうに生活ができるように支え続けている。

そんな話を伺いながら、実際にその様子を見て、本当に衝撃を受けました。

外部からの見え方としては、「ねば塾」は石鹸会社です。福祉の側面を知らずに、単純に「石鹸の質が良い」とOEMの注文が舞い込んでくることも多い。

これは、社会的に自立しているということでもあります。福祉としてだけではなく、純粋に商品が良いから求められている。とてもすごいことです。

そのとき笠原さんがおっしゃっていた言葉が、今でも記憶に残っています。

曰く、「消耗品であることが大切だ」と。

「使えば必ずなくなる商品であることが大切なんです。使ってみて良かったなら、また繰り返し買ってもらえるでしょう?」

使えばなくなること。また使いたくなるほど良い商品であること。それらが満たされていないと、連続性のある事業にはならない。そう笠原さんはおっしゃっていました。

それを聞いて、「自分にとってのパンもそうだ」と腑に落ちました。

食べる、なくなる、おいしかったらまた食べたくなる。その繰り返し。パン以外の日用品にも、そういうものはたくさんあります。味噌、醤油、塩、靴下、肌着などもそうです。

人が生活するうえでずっと必要とし、繰り返し使っては買い足すもの。そんな「良いもの」を集めることが私のやりたいことなんだなと、このとき、はじめて言語化されました。

笠原愼一さんは亡くなられましたが、今も「ねば塾」さんの商品を仕入れて販売しています。自信を持っておすすめできる「良いもの」として。

そして、あのとき教わった言葉を今も胸に大切にしまいながら、パンと日用品の店を続けています。

誰に売る？（誰からお金をもらうのか）

最後は、「お客様（誰からお金をもらうのか）」についてです。

私は、ただ商品が売れたらそれでいいとは考えていません。どういうお客様に買ってほしいのか。どんなふうに買ってほしいのか。お店づくりには、「誰に売りたいか」を考えることも必要だと思っています。

開業後まもなく移動販売をしていたとき、こんなことがありました。

すぐ近くの看護学校に通う女の子が毎週、大きないちじくのカンパーニュをワンホール買ってくれていたのです。

私自身もとても気に入っているパンでしたが、1ホール1600円という、18才くらいの学生には少し高めだと思われる値段だったので、少し心配になって「こんな高いパン、毎週買って大丈夫?」と聞いてみました。

するとは彼女は「夜に居酒屋のバイトをしてるから大丈夫です」と言いました。「このカンパーニュを細かく切って、お昼にはそれと紅茶を持って学校に行っているから、外食するよりも全然安上がりなんですよ」と。

でも1週間かけて食べたら、カンパーニュはカチカチに固くなってしまいます。それで「時間が経つとおいしくないんじゃない?」と聞いたら、「カチカチになったカンパーニュを齧《かじ》るのが大好きなんです」と笑っていました。

とてもうれしかったのです。「ああ、彼女にとって1600円を出すに値するパンを自分は作れているんだな」と思いました。

彼女との会話は、当時の私にとって支えになっていました。

というのも、私は人とのコミュニケーションが本当に苦手です。世間話や当たりさわりのない話というのが全然できません。商品の説明ならいくらでも話せるのですが、そういうコミュニケーションを求めていないお客様から見たら、私は無愛想な店員だっただろうし、今もそうだと思います。

そんな私にとって、「お金」が介在するコミュニケーションは、とても心地いいものでした。

たとえば、何度もうちに来てパンを買ってくれる人がいたら、それだけで「おいしい」とか「ここのパンが好きだ」と思ってくださっていることがしっかり伝わってきます。言葉で言わなくても、「お金を払う」という行為でちゃんと伝わる。お店にとっては、結局それが一番うれしいのです。

毎週しゃべりに来て何も買わないで帰られるよりも、月に一度そっとお金を払ってものを買ってくれるほうが、よほど「好きだ」「必要だ」という気持ちが伝わってきます。

うまく人と話せなくても、「お金」がコミュニケーションの道具として機能してくれる。

パン屋を始めてから、そのことを身をもって実感しましたし、自分もそういうお金の使い方ができるようになりたいと思うようになりました。

お金を使うことによって、つながっていく。

そういうお客様に早いうちに出会えたのは、幸運なことでした。


そういったコミュニケーションができなくて悲しい思いをしたこともあります。

東京の青山のマルシェに出店していた頃のことです。

この時期には東京だけでなく、長野県の松本市で開かれていた大きなイベントにも出店していました。当時は過剰労働の連続で、1人で小麦粉を250キロ注文してパンを作っていましたから、ちょっと頭がおかしかったのかもしれません。

その松本のイベントでは、ものの1時間くらいでパンが売り切れてしまったのです。

もう本当に、バーゲンセールの会場みたいにお客様が押し寄せて、あれだけの小麦粉を買い込んで一生懸命作ったものが、一瞬で売り切れてしまいました。

「うれしい」よりも「虚《むな》しい」という気持ちのほうが強く湧いてきました。そこにコミュニケーションがまったくなかったからです。「ああ、これが消費されるってことか」と感じました。

一時期、ギャラリーで人気作家さんの個展を開催すると、特定の人が作品を大量買いするという現象が問題になりました。誰よりもたくさん所有するということが目的なのかはわかりませんが、それはものを愛でているのではなく、ただ「買う」「所有する」という行為が目的化していると感じました。

バーゲンセールのようにパンが買われていくのも、それと似たようなことなのでしょう。お金の行き先が「もの」ではなく「買う」という行動そのものに向かっていて、意味がなくなっている。

松本のイベントでの出来事から、需要と供給のバランスが崩れた購買体系に私は美しさを感じられないのだと知りました。自分がやりたいことをするには、このバランスがきれいにとれていることが重要なのだと。

私が素敵だなと思うお客様は、ものと対話をするように、向き合って買いものをされます。「わざわざ」は、そういうお客様にものを売りたいので、飛びついて買うのではなく、ゆっくり吟味して選べる環境をつくることを大切にしています。

そしてその買い方は常設店のほうが向いていて、やっぱりイベントには向いていないのではと思うようになりました。イベントは参加すること自体が目的になりやすいので、だんだんと東京に限らず、イベント出店はやめていきました。

自分自身、商品を大量に消費させてしまった罪悪感のようなものもあって、そういう買い方をさせる構造にはできるだけかかわらないようにしようと思ったのです。

また、こんなこともありました。

私はある日、自分のnote（ブログ）にこんな文章を書いたのです。

タイトルは「来ないでください」。

「わざわざ」は、開業以来いろんな取材依頼をいただいてきましたが、ずっとテレビの取材は断っていました。危惧していたのは、全国ネットで放映されると多くのお客様が来店して、パンが枯渇してお店が回らなくなるかもしれないという単純な理由です。

キャパシティの小さいお店にたくさんのお客様が来ると、パニックになることはすぐに想像できます。当時は取材対応できるほどのポテンシャルもなく、これ以上広告効果はいらないということでお断りしてきました。逆に言えば、キャパシティがあれば受けるということでもありますが。

ただ、とある大手テレビ局から取材の依頼をいただいたときにはとても悩みました。

ディレクターさんが何度もお店に来てくださって、いろいろとお話をしてくださったのです。わざわざ足を運んでくださったことは単純にうれしかったし、信頼できる方かもしれないと思いました。

「Twitterでもフォロワーのみなさんにテレビ出演に対する是非のアンケートをとったり、社内で話し合ったりもしました。意見はきれいに分かれましたが、それぞれの意見を鑑みて熟考した結果、『わざわざ』らしいものになるのならば受けてもいいのでは」という答えになったのです。

ディレクターさんに後日メールをしました。打ち合わせ後に撮影をしてくださり、私たちが納得するように制作してくださるという回答をいただいて、これなら安心して取材を受けられると感じました。

ところが。

放送されたものは、打ち合わせ内容とはまったく違うものに仕上がっていました。テレビ番組は放送前にチェックさせてもらえないので、当日まで私たちはそれを知ることができなかったのです。

もともと打ち合わせでは、パンのことだけではなくオンラインストアでの日用品販売のことや、オリジナル商品のことも紹介してくださいとお願いしていました。パンだけが紹介されたら、そこに注文が殺到して足りなくなることがわかっていますから。

そのことについては了承を得ていたはずなのに、蓋を開けてみると見事にパンのことだけ。「パンと日用品の店」のはずが「パン屋」として紹介されていたのです。それを観たときには、スタッフ一同とても驚きました。

でもまあ、テレビだし、仕方ない。ディレクターさんに対して腹が立ったというよりも、世間を理解したという感じでした。

問題は、お店の現場です。予想どおり、お店はすぐにパンクしてしまいました。

朝から晩まで電話は鳴りっぱなし、お店の中は人でパンパン、外には行列ができている……。

お客様が一気に増えると、もちろんパンは足りなくなります。

だから大型連休でいつもしているように、朝から個数制限をして販売することにしました。お店に来てくださったお客様みんなに、できるだけ買っていただけるようにするためです。

でもそうすると、お客様の中で怒る人が出てきてしまいました。「わざわざ遠くまで来てやったのに、1個しか買えないとはどういうことか！」と。

丁寧に謝りつつ説明しているスタッフに怒鳴りつけるお客様に対して、後日私が書いたのが先ほどのnoteです。

「そんなお客様には来ていただかなくてけっこうです」

「わざわざ」には「わざわざ」の常識があって、私たちはそのルールで動いています。

私たちのスピリットは「全ては誰かの幸せのために」です。自分だけまとめ買いをして多くの人が買えなくなるよりも、みんなで分けましょうというのが「わざわざ」の考え方なのです。パンが買える喜びも、パンが買えない悲しみも、シェアするのが「わざわざ」なのです。

それに納得ができず、スタッフに対して怒鳴りつけ、ほかのお客様をも嫌な思いにさせる人には来てほしくありません。「客に対して偉そうに何を言ってるんだ」と言う人もいるかもしれませんが、お客様がお店を選ぶことができるように、私たちお店側もお客様を選ぶ権利があるはずです。

そんな内容のことを書きました。

誤解のないように付け加えておきますが、「わざわざ」に来てくださるお客様は、ほとんどが優しい方たちです。

常連さんは「テレビに出たし、個数制限がかかるのも仕方ないよね」「がんばってね、また来るね」と声をかけてくださいました。新規のお客様にも、「またオンラインストアで買いますね」と言ってくださった方がたくさんいらっしゃいます。

そういう優しい気持ちがシェアされていくのを見るのは、やっぱりとてもうれしかったです。

このときのことは、とても勉強になりました。お客様にはご迷惑をかけてしまったけれど、結果としては良いチャレンジになったと思っています。「来ないでください」と書いた記事には、たくさんの反響をいただきました。

強い言葉だったので公開するときはドキドキしましたが、書いてよかったと思っています。スタッフにも「あの記事を書いてくれてよかった」と言われました。「私たちのお店はこうですと、しっかりポリシーと自信を持って接客できた」と。

どんな業界でも、お店がお客様に「NO」と言えることが、ふつうになればいいなと思います。

そんな発言をすることには勇気がいるし、寿命も縮む思いで、全力で対応しなくてはいけないけれど、でもやらないと世の中は変わらない。誰かに期待するんじゃなくて、できることを1個ずつやる。自分にはそれしかできません。愚直にやるしかないのです。

どんなところにも、「自分のあり方」と「相手のあり方」があります。

それがすれ違うことのないよう、店側とお客様側が望むことを一致させられている状況が、おたがいの満足度を上げ、心地いいコミュニケーションにつながるのだと思います。

「たかがパン屋」がいい

お店をやるということは、当たり前ですがお客様が来るということです。

もともと人付き合いが苦手だった私にとって、お客様に対しての距離感を適度に保つのは、とても難しいことでした。

これまでもずっと書いてきたとおり、「わざわざ」は常に変化を続けています。

自分が健やかに働けること、自分の店に来てくださる方が健やかでいられることを軸にして、商品も、販売方法も次々に変わっていきました。

当然のことながら、「わざわざ」の変化とともにお客様も変わっていきます。

開店してからずっと通ってくださっているお客様もいらっしゃいますが、店にはいつも別れと出会いがあります。

誰かが去り、新しい人がどこからかやってくる。

開店当初は、「ずっと来てくださる」と思い込んでいたお客様がいつのまにか来なくなることになかなか耐えられず、いろいろな思いが錯綜したものです。

いちいち傷ついたり、不安になったりしていました。自分が何か失礼なことをしたのではないか。パンがおいしくなかったんじゃないか。いや、もしかしたら病気にかかったのかもしれない……。

店の者にとっては、お客様の行動はお客様が店に来ることでしか知ることができません。来ない理由をいくつも考えて、自分の行動を振り返り、胸中はいつも複雑でした。

お客様の行動に変化があるたび考え続けてしまいますが、原因が究明されることはありません。でもそれは、健康的な精神ではないのです。考えたってわからないものを考えても仕方ないのですから。

そして、ある時期から、お客様とは一定の距離を保ったまま付き合っていこうと思うようになりました。

私も、1つの店に通い続けることはなかなかできません。店側が変わろうと変わるまいと、自分の中のブームが去れば足が遠のくこともある。たかがパン屋なのだからと、「たかが店である」という認識を持つようにしていきました。

中には、とても良い別れ方をしたお客様もいらっしゃいます。

私が「キャラメルナッツベーグルのスズキさん」と呼んでいたお客様がいたのですが、その方は軽井沢在住の70代後半くらいの男性でした。

うちには昔から、軽井沢にあるカフェの店員さんがよくパンを買いに来てくださっていて、スズキさんはそのカフェの常連さんだったのです。カフェの店員さんにそのパンを分けてもらったのを機に、「わざわざ」を知ってくれたそうです。

スズキさんは、当時販売していたキャラメルナッツベーグルが大好きで、軽井沢から車で40分以上かけてお店に来てくださるようになりました。「最近、顎《あご》が弱くなっていたのだけど噛むことでトレーニングにもなるし、ドライブすると気持ちがいいから」と。

来る前に、必ず電話で「キャラメルナッツベーグル、焼いてありますか。10個ください」と予約を入れてくださいます。冷凍しておいて少しずつ召し上がって、なくなると買いにきてくださいました。本当に、すごく気に入ってもらっていたのです。

ですが、パンの種類を絞り込む課程で、キャラメルナッツベーグルも終了することを決めました。スズキさんのお顔が頭の中でちらついていましたが、仕方ありません。だから、スズキさんにはちゃんと伝えないといけないなと、ずっと思っていました。

「スズキさん、もうこれ焼かないことにしたんです」

最後にキャラメルナッツベーグルを買っていただいた日、駐車場まで追いかけていって、伝えました。そうしたら、「ブログをずっと読んでいたから、なんとなくそんな日が来るのかなって思っていましたよ」と言ってくださり、握手してお別れをしました。


店と客の間に何があるのか。

考えることもしばしばありましたが、この短期間の売買を通したコミュニケーションでお客様と信頼関係を築けたことが素晴らしい体験になりました。私の考えをちゃんと理解してくださっているのが伝わりましたし、おたがいを思いやることができたからです。

スズキさん、今もお元気でしょうか。もうだいぶご高齢だと思うのですが。

もちろん、すべてのお客様とそのような関係性が築けていたわけではありません。

急に来なくなることがほとんどですし、お店の方向性の変更に不満を抱いたお客様もいらっしゃったと思います。だけど、それは渋谷のスクランブル交差点ですれ違うのと同じような気持ちなのです。

ただ商品とお金の交換を通じて、少しの間、交わっただけ。わかってくださる方もいれば、そのままお別れになる方もいる。ただそれだけのことだと自分に言い聞かせていました。そうやって心にダメージを受けないように、自分を守っていたのでしょう。

そんなふうにお客様との距離感を模索していたとき、鎌倉のとあるガイドブックを読んでいたら、あるカフェのことが書かれているのが目に留まりました。

そこには、こんな話が書かれていました。

「店主はいつも同じ場所で、やってくるお客さんを待っている。お客さんはまるでお参りに行くかのように、定期的にお店にやってくる。店主がフラフラして掃除もせず、精進せずにいると、お客さんもご利益を感じずにお参りにやって来なくなるよ」

それを読んで、「あっ、これだ」と思いました。

私も、人間ではなくお地蔵さんになろうと。

人間同士の付き合い方だと、つい干渉や期待をしてしまいます。どうしてこうしてくれないのとか、前はこんなだったのにとか。

でも、自分がお地蔵さんになれば、過度に気持ちを入れ込んで傷つくこともない。自分はただ店を守り続けるお地蔵さんになり、参拝してくださるお客様を待つ。その距離感でいるのが一番だろうなと、それを読んだときに思ったのです。

そういえば、私が好きなお店も、そんなスタンスのところが多いです。大好きなごはん屋さんや喫茶店が私にもあって、何年も通っているので本当に良くしていただいているのですが、みなさんプライベートには一切踏み込んでこないのです。

「こんにちは。今日も暑いね、体に気をつけてね」と、それくらいの会話しかしません。こちらも「ごちそうさま」と言っておしまいです。

この間は、長年通って常連になっているお店で支払いをしたときに、コロナ禍で全然お客様が入っていなくて大変だろうと思い、「お釣りはいりません」と言ったら、『お釣りいらない』はだめですよ」と、やんわりお釣りをつき返されたことがありました。

こんなに長く通っていても、一線を超えないようにすごくきちんとしているんだなと思いました。でもその一線が実はすごく大事で、失ってはいけないものかもしれません。

人としてのプライベートな気持ちのつながりはなくても、出されるものがおいしいから、サービスや空間が好きだからまた来る。

その「等価交換」が心地いいと感じます。

おたがいに依存せず、自立している関係。一線を越えない関係。

やるべきことをしっかりやって、お店を毎日磨いて、来るか来ないかわからないお客様をじっと待つ。お地蔵さんのようにお客様を迎える。

いつまでも、そんな店でありたいです。

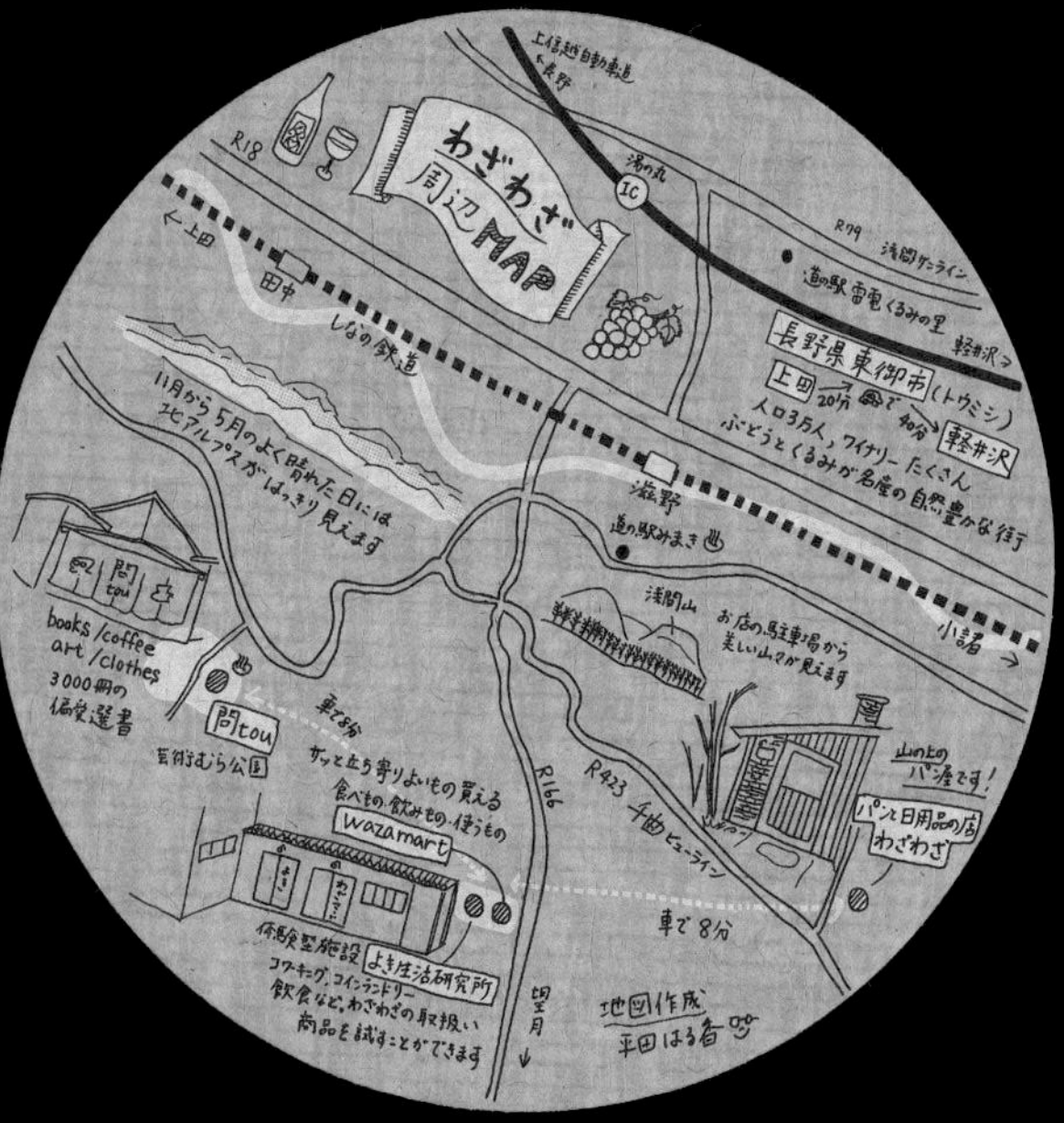

わざわざ周辺MAP
R18
← 上田
田中
しなの鉄道
上信越自動車道
←長野
湯の丸
IC
R79
浅間サンライン
道の駅 雷電くるみの里
軽井沢→
長野県東御市（トウミシ）
上田 20分 で 40分 軽井沢
人口3万人，ワイナリー たくさん
ぶどうとくるみが名産の自然豊かな街
11月から5月のよく晴れた日には
北アルプスがはっきり見えます
滋野
道の駅みまき
小諸 →
浅間山
お店の駐車場から
美しい山々が見えます
books / coffee
art / clothes
3000冊の
偏愛選書
問tou
芸術むら公園
車で8分
サッと立ち寄りよいもの買える
食べもの・飲みもの・使うもの
wazamart
体験型施設 よき生活研究所
コワーキング，コインランドリー
飲食など，わざわざの取扱い
商品を試すことができます
R166
望月 ↓
R423 千曲ビューライン
山の上の
パン屋です！
パンと日用品の店
わざわざ
車で 8分
地図作成
平田はる香

このチケットを持って
『わざわざ』に来ていただくと
クッキーをプレゼント！

- 有効期限なし
- 1回限り

自分たちの「ふつう」を守る

違和感を抱えずに仕事を続けるためには、必要最低限として「規則正しい生活習慣で健康でいること」、つまりは「無理せず長時間労働をしないこと」がベースになってきます。

私はそれらを「『わざわざ』のふつう」として捉えることにしました。ふつうのことをふつうにしようと思ったのです。

世の中には、長時間労働に低賃金、不規則な生活が「ふつう」とされている職場がたくさんあります。

なぜそうなるかというと、経営がその前提で成り立っているからです。

たとえばパン屋や飲食店だと、まず材料が必要で、それを仕入れるのにお金がかかります。その仕入れた材料をもとに人が作ります。材料費と人件費。お客様に同じ価格を提示し続けるとして、ここから利益を上げようとするならば、どちらかを削るしかありません。

まず、材料費を削ったらどうなるでしょうか。

たとえば、輸入小麦と国産小麦では、値段が倍以上違います。国産のほうが断然高いです。調味料もそうです。国産の丸大豆と小麦と天然の塩で作った醤油と、脱脂加工大豆を使い、アルコールやアミノ酸、糖分などを添加して早く安く作った醤油では、原材料の価格には何倍もの違いが生まれます。当然、材料の差によって、できあがった商品の質には差が生まれます。

では、人件費を削ったらどうでしょうか。

パン屋や飲食店でよくあるのが、「修行」という名目で、待遇の悪い中で働かされることです。残業代も出ず、長時間労働が常態化しています。

材料費を削ったら商品に差が生まれてしまう。だから、人件費から削っていく。それではサービス業に従事したいという人が少なくなるのは当然のことかもしれません。

個人商店やフリーランスでも、自分の時間や身を削って働く場合が多く、生産量や売上を長時間労働でカバーしようとします。私も開業当初はまさにそんな感じでした。1日12時間労働、まともな休日なんてほとんどない。これでは働きすぎです。続くわけがありません。

こうして事業者が苦しむ一方で、生活者は安くて質の高いサービスにすっかり慣れてしまいました。

たった1000円のランチにも、接客、量、味、スピード、すべてを求めて口々に評価します。それを受けたお店側は、また努力して無理に働きはじめる。それが今の世の中が求める「ふつう」です。

だけど私には、それが「ふつう」だとは思えないのです。

だって、そんな努力は続きません。もっと健康的な「ふつう」でなければ、続けることは至難のわざです。

働き方だけではなく、お店のあり方として、世の中の求める「ふつう」もまたあります。営業日はいつも開いているとか、欲しい商品の在庫がちゃんとあるとか。

臨時休業が多かったり、発注作業が疎かになって在庫が足りなかったり。そういう状態は、世の中には「ふつう」として受け入れられません。お店が開いていて、欲しい商品がある。そう思ってせっかく行ったのに、店が急に閉まっていたり商品が売り切れていたりしたら、がっかりしてしまいます。

そういう意味では、コンビニは世の中が求める究極の「ふつう」を体現しているようなお店です。いつだって開いていて、買いたい商品の在庫がちゃんとある。常に私たちの要望を満たしてくれるのが当たり前。

今のコンビニでは、ATMでお金を引き出せるのも、挽き立てのコーヒーを100円で買えるのも「ふつう」になりました。もちろん、そういった状態を「ふつう」にするには、ものすごい労力と努力があったと思いますが。

さて、世の中の求める「ふつう」がある中で、私たちはどんな「ふつう」を目指すべきか。

「わざわざ」はまず、働き方に関しては「世の中の求めるふつう」ではなく「自分たちが健康的でいられる状態」を実現し、お店のあり方については「世の中の求めるふつう」を実現できる状態を目指すことに決めました。

具体的に言うと、人件費も材料費もどちらも削らない。そのうえで商品の価格も手頃であり続けよう。自分の求める最良の材料で、人の手で丁寧に作り、お店もお客様も幸せになる。「わざわざ」が目指したのは、そんな「ふつう」です。

働いている人が心身ともに健やかで、お客様は欲しいものを手に入れられる。いつも同じものが、同じように売っている。大したものはないけれど、なんとなく心地いい。そんな「ふつう」のお店を目指そうと、心に決めました。

でも、それを実現するのは容易いことではありません。では実際に、どうやってその「ふつう」を実現していったのか。

はじめに取りかかったのは、すでに書きましたがパンづくりの効率化です。パンの種類を2種類まで減らし、単価も上げて、労働量に見合う対価をもらえるようにしました。そもそものパンの製造方法も改善。夜に寝て朝起きるという、人間らしいサイクルで暮らしつつパンが焼ける方法を考えました。

作業の手間を省いて、労働時間を減らす。けれども、同じ時間と人数で生産量は増やす。それが、私たちの働き方の「ふつう」のためにまず行ったことでした。

さらに、日用品や食品類のラインナップも見直し、無計画に増やさないようにしました。お店やオンラインストアに並ぶ商品が少なくなると、お客様につまらないお店だと思われるかもしれません。もちろん、そんな不安はありました。

でも「つまらない店」上等です。

まずは「『わざわざ』のふつう」を体現してから肉付けをしていこうと考えていきました。

次に行ったのは、日用品の在庫管理の改善です。

当たり前のことですが、「必需品を切らさない」ということがとても大切です。

たとえば、家で牛乳が切れたらお店に買いに行きます。そのときに、もしも牛乳が売り切れて置いていなかったら、そのお店は信用できないなと感じませんか。次に牛乳が必要になったとき、そのお店が選択肢から外れるかもしれません。信頼がなくなると、もうそのお客様は来てくれなくなります。

だからこそ、必需品は切らしてはいけません。いつ何個買われたって、切れないようにしないといけないのです。

それをスーパーやコンビニは当たり前のようにしています。日用品のお店だと謳っているのに、日用品がないというのはだめなのです。なので在庫の持ち方に関しては、私たちもお客様の「ふつう」を第一に考えることを心がけています。

ただ、ネックは倉庫の狭さでした。

小さい倉庫だったので、保管する場所がなく、在庫の量が増やせない。そうなると、回転率がすごいことになってしまいます。

売れては仕入れ、売れては仕入れ……。1ヶ月に何度も同じメーカーに発注していました。作業量が多いのに、売上はそんなに伸びない。ものすごく効率が悪い状態です。それならもっと在庫を多く持てばいい。そうすれば、仕入れ作業が一気にカットできるわけですから。

そこで倉庫を探すことになり、念願かなって、150坪の倉庫に引っ越すことができました。倉庫が大きくなったことで、お店に並ぶ品数も増やすことが可能になりました。

働き方も楽になるし、お客様にとっても良いことだし、一気にみんなの「ふつう」が実現できた瞬間で、すごく良い選択だったと思います。

以前は商品が「点」でしかありませんでした。

たとえば、醤油と味噌と塩は置いてあるけれど、豆板醤とオイスターソースはないとか。すると調味料を買いに行こうと思ったときに、選択肢から消えてしまいます。でも、調味料ならひととおり揃っているという「面」の状態になると、「あそこで買おう」と思ってもらえるのです。

今はだいぶ「面」がつくれてきているように思います。「ケーキを作ろう」と思ったお客様が来たときに、「うちで全部揃えられるかな」などと考えながら、まだまだ中抜けしている商品があるので、そこを埋めていきたいです。

お客様には、より良い選択肢を。働く人には、作業軽減を。会社には、利益の増加を。

その状態こそが、3者のうちのどこかだけが凹んでいる、我慢しているのではない理想の等価交換の形。「わざわざ」にとっての目指すべき「ふつう」だと思っています。

ものを作るときの5つのルール

「わざわざ」では、パンと日用品以外にも「オリジナル商品」を売っています。

パンと日用品の店として、「自分たちが使って『良い』と思ったものを販売する」というスタイルでやってきましたが、世の中に販売されているものの中に、自分たちが使いたいものが見つからないことが時折ありました。

そんなとき、「パンを焼くように商品を作ってみるのはどうだろう」と考えるようになったのです。パンと同じように、材料や工程を吟味して、この世に新しい商品を送り出すのはどうだろうと。

たとえば、2016年から定番で販売している「パン屋のTシャツ」という商品は、粉と汗と熱にさらされるパン屋という過酷な環境下でも長持ちする、機能性と耐久性に特化したTシャツです。

この商品は、さまざまな飲食店の制服に採用されたり、ハードワーカーの方や耐久性を求めるユーザーに支持されたりして、毎年1200枚が完売するロングセラーとなっています。対象となるお客様を絞り込む明確なコンセプトは、パンを2種類に絞ったことから着想を得ました。

このように「わざわざ」では、シーズンで変わる商品作りをせずに「半永久的に定番で販売できるもの」のみ、オリジナル商品として開発。普遍的なものづくりを第一にし、需要と供給を分析して、パンづくりと同じように効率的な生産管理を行っています。

1週間ごとに色やサイズ別の販売数を計測、データを蓄積して分析し、次の生産でどの色のどのサイズのTシャツを生産するか、予測を立てて生産。在庫過剰になることも品薄になることもなく、年間を通していつでも同じ品質のものを買えるようにしました。

さらにこのデータは、生産工場の方もすべて閲覧できるようになっています。機械の空き状況なども共有され、協働のものづくり体制をつくりました。

まだまだ小さな企業ですが、生産管理をどのようにやっていくか社内のエンジニアと議論を重ね、こういったシステムを1つずつ構築しています。

売れるものを売れるだけ作って用意する。製造と販売のプロセスをできるだけシンプルにする。さらに効率化できないかみんなで考える。


というのも「わざわざ」では、パンを捨てたことがありません。

世の中に存在する多くのパン屋では、売れ残ったパンを捨てていたり、機会損失を防ぐためにあらかじめロスを計上して作ったりするところもありますが、私は「ロス率」という概念自体が好きではありませんでした。

なぜかというと、単純に食べ物を粗末にするべきではないからです。

捨てるために作られるべきでは絶対にない。

だから、商売のために「ロス率」なんて言葉で正当化することはしたくありませんでした。

どうしたらパンを余らせずにきちんと供給できるのか考えました。最初はこの予測に力を入れようと分析していましたが、自分の力量では、毎日の販売量を推察することはほぼ不可能です。お客様の気分やその日の天気も影響するし、いくらデータとにらめっこしてもわかることはありません。

その結果、こんな答えに行き着きました。

一定量を焼き、一定量を売る。販売する場所のみ、こちらで調節するという方法です。

「わざわざ」では現在、実店舗とオンラインストアの2ヶ所でパンを販売しています。

実店舗の繁忙期にはオンラインストアでの供給量を減らし、実店舗の閑散期にはオンラインストアでの供給量を増やす。この方式で、需要と供給に見合った量のパンを販売することにしました。また、それでもパンが余ったときの行き場として、パンを後加工してお菓子や喫茶で流用し、さまざまな手段で販売するルートをつくりました。

こんなやり方で、パン以外のものも作って販売できないだろうか。私たちは次第にそう考えるようになりました。「パンを焼くように商品を作ってみる」とは、そういうことです。

私たちがどうしても欲しい商品で、世の中に見当たらないもの。お客様にとっても、丈夫で長持ちして、買ったあとに後悔しないもの。工場にとっても、生産効率が良く利益が出て、作る甲斐のあるもの。作る人、売る人、買う人の三方にとって良い商品を作れないかと。

「わざわざ」にとってパンが1つのプロダクトだったように、コンセプトと作り方と売り方が一致する、私たちが欲しい商品を作りたい。そんな気持ちからものづくりは始まりました。

現在、私たちが掲げているオリジナル商品を作るときのルールはこの5つです。

1　世の中に見当たらないから作る

2　工場の技術を活かし、生産効率の良い作り方を目指す

3　丈夫で長持ち、ゴミになりにくいものづくり

4　ゴミになりそうな、余っている資源を活かす

5　NO PLASTIC

こんなにものが溢れている時代において、新しいものを作る必要性はほ

とんどありません。それでも作るならば、この基準をクリアしてからにしようと決めています。

ただ「世の中に見当たらないから作る」と言っても、当然のことながら、見当たらないものならなんでもいいわけではありません。オリジナル商品の根底にあるのは、「今世の中に見つからないけれど、絶対に欲しがる人がいる」ということです。そして、その「絶対に欲しがる人」の代表は、私です。

はじめて工場で作ったオリジナル商品は、リブウール靴下でした。

もともとは、お店でオーストラリアのメーカーのウール靴下を仕入れて売っていました。定価3000円のすごく暖かい靴下で、私自身も気に入っていた商品なのですが、あるときウールの値上がりによって、販売価格が2000円弱もアップするというニュースが入ってきました。

そうなると約5000円です。3000円でも高価な靴下ですが、

5000円の靴下を「わざわざ」のお客様におすすめするのは違うと感じました。値段が上がるのも急すぎます。それまでもかなり力を入れて売ってきた商品だったので、ファンも多くなっており痛手でした。

でも、逆に捉えたらチャンスかもしれません。自分たちで良いウール靴下を作ってみるのはどうだろうと考えたのです。

それで、お取引のある奈良の「シルクふぁみりぃ」さんに連絡しました。靴下を生産されている企業なので、もしかしたら相談に乗ってくれるかなと思ったのです。

すると、社長の桐生さんは「とても良い考えだと思うけど、奈良と長野では距離が遠いから難しいかもしれない。長野にある良い靴下メーカーさんを知っているから、そっちに連絡してみてはどうだろう」と親切に教えてくださいました。「でもそこは平田さんがオファーを出すには規模が大きすぎるかもしれない。もし断られたら、また私のところにお電話くださいね」と。

そうして教えていただいたのが、靴下メーカーの株式会社タイコーさんでした。

さっそく電話をかけてみたら、現社長の一平さんが出てくださいました。

「ウールの靴下を100足オリジナルで作りたいんです」

そう言ったら、開口一番に「そんなちっちゃい規模じゃ、生産できないよ」と断られました。「でもまあ、ほかのメーカーの類似した靴下を流すのはやってもいいよ。ロゴ変えて売ればいいでしょ」と。

私の心に火がつきました。

「1時間だけお時間ください。プレゼンをさせてほしいです」

そう、お願いしたのです。すると一平さんが「来てもいいよ」と言ってくださり、工場まで行って、作りたい靴下について説明させてもらいました。

プレゼンの内容は、私のウール靴下に対する考察を述べることがメインでした。

オリジナル商品を作ろうと思い立ってから、さまざまなウール靴下を買って履き潰していました。そして、タイコーさんに穴の空いた靴下を20足ほど持っていき、「このメーカーの靴下はここが悪い」「こっちのメーカーはここが悪い」と、悪態をつきまくったのです。

「だから私は、こういう靴下を作りたいんだ」

そう言って、作りたい靴下について必死で説明しました。

プレゼンを聞いた一平さんは、なんと「いいですよ、100足でもやりましょう」と言ってくださったのです。すごくうれしかった。

のちに、悪態をついた靴下の中にタイコーさんが手がけたものがあったことを知ったのですが、一平さんはまったく怒らず最後まで聞いてくださいました。

その後、工場を見学させていただいたら、本当に大きい会社なんだなということがあらためてわかりました。それで「100足だけ頼むのではやっぱり申し訳ないな」と思い、思い切って600足で発注することにしたのです。

一平さんは「本当に大丈夫?」と驚いていましたが、そこは預貯金をすべて突っ込んででも投資していいのではと考えました。タイコーさんの靴下への知見は確かなものでしたし、私の熱意とタイコーさんの技術が合わされば、良いものづくりができるという確信がありました。いける気がしたのです。

そして、タイコーさんと作った靴下は、600足が1ヶ月で完売しました。

一平さんは、「こんなちっちゃなパン屋さんが、3600円の靴下を600足売り切ったなんて信じられない」と驚いていました。「これからは平田さんの言うとおり生産してあげないとな」と言われて、笑い合いました。

後で聞いた話ですが、一平さんは電話でわざとあのようなことを言ったそうです。「それくらいの覚悟がない人とはものづくりはできないので」とおっしゃっていました。あの言葉で発奮したのですから、感謝しかありません。

この経験は、すごく大きかったです。大きな企業の方でも、こちらがしっかりコンセプトを持って、論理的に話をして、生産に必要なお金を用意すれば、ちゃんと請けてくれるんだということがわかりました。

この体験が自信になって、「私はどこへでも行けるな」と思いました（その後、某大手メーカーに「パン専用の秤をいっしょに開発してほしい」と連絡したら断られてしまいましたが……）。

3600円の靴下がすぐに完売した理由も、同じことだと思います。

3足1000円で買える時代に、1足3600円の靴下はやはり高級です。それでも売れたのは、タイコーさんとプレゼンしたときと同じ熱量で、お客様に「なぜこの靴下を作ったか」「どのように作ったか」「このウール靴下のどこがいいか」を伝えることができたからでしょう。

とはいえ、やっぱり最初はお客様からかなりお叱りのお言葉をいただきました。

最初に叱ってくださった方のことは、今でも覚えています。

あるお客様がお店に来られて、「平田さん、この靴下高すぎ。もう穴空いちゃったよ、どうするの？」と言って、繕った靴下を見せてくださったのです。

もともとウールの靴下は穴が空きやすいということは伝えていたのですが、「それでもこんなに早いと思わなかった」とクレームをいただきました。それで私は、「どこにどんな穴が空いたか、どんな履き方をしたか教えていただいてもいいですか」とお願いして、お話を伺ったのです。

それをタイコーさんにフィードバックして、技術的な解決ができないかと相談しました。暖かさを求めるあまり、ウールの混率を高くしすぎて、ナイロン糸の補強が足りなかったんだなとか、当初はSとLの2サイズ展開だったので、その中間のサイズの方が履くと穴が空きやすいんだなとか、たくさんの反省点を見つけることができました。

面と向かってクレームをくださったそのお客様には、とても感謝をしています。言われたことにちゃんと耳を傾ける大切さを学び、それ以来ウール靴下はお客様の声をもとに毎年アップデートを重ね、看板商品になっています。

ウール靴下の次には「残糸ソックス」も作りました。

こちらはタイコーさんの糸倉庫に残った糸が山ほどあることを知り、なんとか活用できないかと考え抜いた結果生まれた商品です。

2足で1000円という値段なのですが、「残糸なのにどうしてこんなに高いのか」とお客様から疑問の声が上がったことがありました。それに対して、SNSやウェブサイトでこんな回答をさせていただきました。

理由の1つは、国産だからです。

企業がものづくりをする際、できるだけ多くのユーザーに安く届けたいという考え方があります。日本でも、労働力の安い発展途上国に工場をつくり、そこで生産するという産業構造が高度経済成長時代に発展していきました。その結果、製造の技術が海外へ流出してしまい、現在、国内で生産する工場が激減し、技術の継承が行われないという問題が起きています。

「わざわざ」では、国内でオリジナル製品を生産することで、適正な価格で生産を依頼し、労働の賃金を適正に支払うことを心がけています。

フェアトレードという、海外の労働力や原料などを適正な価格で継続的に払う貿易の仕組みもありますが、国内でもそうあるべきではないかと考えています。

工場への支払いを買い叩く状況が蔓延していることも、工場が継続して営業できなくなった理由の1つなのではと。なので、工場と協業して生産する構造をつくるということを意識的に行っているのです。

私たちが国内生産のものに対価を支払わないという選択をし続けるのは、それは隣人や友人、家族の仕事を奪うことに加担しているのと同じかもしれません。

2つめの理由には、「残糸」とは言え、ちゃんと値段がついているからです。

余っているとは言っても、糸はもともとタイコーさんが購入されたものです。それを無償で譲り受けると、タイコーさんの負担が大きくなってしまいます。量が中途半端なのでその分値段は少しお安くしていただいていますが、正当な価格でやりとりすることが、おたがいに無理のないものづくりをすることにつながると考えています。

このような理由から、残糸ソックスは2足で1000円なのです。

こういったことも、ちゃんとお客様に伝えていかなくてはいけない。なので、「残糸なのにどうして高いのか」とご質問してくださったお客様にも、その答えを伝える機会をいただけてとても感謝しています。

お客様とお店、お店とメーカー、メーカーと生産者。ここでも誰かが抱いた違和感に目をつむるのではなく、それぞれが納得できる構造で取り組むことが、持続可能な働き方、持続可能な消費につながると考えています。

これからもオリジナル商品は作るかもしれませんが、私は基本的には「ものはあまり作りたくない」というスタンスです。ものがこれだけある時代に、さらにものを作ってお金と交換して、結果的にゴミを増やすというのはしたくない。

ただ、残糸ソックスのように、ゴミになるものを助けるものづくりはしてもいいのではないかと思っています。

あるいは、時を経ても価値がなくならないものや、丈夫で長持ちして、捨てたとしてもすぐに土に還るものならば、作ってもいいのではないかと。

そんなふうに自分たちの中で基準を常に持ち、安易にゴミを増やさないものづくりのみをしていきたい。

「そんなことをすると、ものとお金の交換の循環が鈍くなり、経済的に困窮するのでは」と言われることもありますが、それなら違うところで交換すればいい話です。たとえば、ものを買っていただいた後の修繕やケア、使い方のレクチャーなど、ものをより長くより豊かに使っていただけるお手伝いをサービスにして、お金と交換するというのはどうでしょうか。

大量生産、大量消費の時代はもう終わりました。これからは、良いものを長く使う。売った後も関係が続く。それに合わせたお金の巡り方が必要だと感じています。

「私」から「会社」へ

「わざわざ」が法人化したときのことを書きたいと思います。

法人化したのは、2017年の3月です。

2014年から2017年にかけては、「経営をしている」という感覚がやっと芽生えてきた頃でした。個人がやりたいことをやっているという形から、事業としてどうしていくべきかに変化していき、売上も急成長していったのです。

それまでは、お店を切り盛りしながら、そこで起こった問題解決のために経営を学んでいるという段階で、目的を持って経営の舵取りをしているというわけではありませんでした。

ですがその時期から、自分の考えや思いはさておき、市場を見てニーズを把握したり、チェーン店に通ってどのような効率化が行われているのか観察したり、多くの経営本を読むようになったと記憶しています。

まだ経営者の友人が少なく、相談できる人がいなかったので、行き詰まるたびに本を開き、読んで感銘を受けたことを実践してみるということをひたすらやっていました。

たくさんの本を読んで、1つわかったことがありました。

それは「わかるはずがない」ということです。

どの本にも多くの成功体験が書いてありますが、手法もそれぞれで、人や場所や事業内容もそれぞれです。多くの本を読むうちに、「経営には正解がない」ということがまずわかりました。

また、法律や雇用などの専門的知識については、自分がどんなに勉強したとしても、理解できることが限られています。ならばこちらも早々にあきらめて、専門家に対して会話ができるくらいの知識量を持てばいいと感じました。

特に私が苦手だった雇用についての相談がいつでもできるように、2014年に社会保険労務士を顧問に据えることにしました。同時に会計士を顧問に据えて、経理の監査を行っていただき、税務をお任せすることにしたのです。

当時はまだ自分とアルバイトの3人ほどのチームでしたが、専門家に外注することで、自分の限られたリソースを事業に注ぎ込む体制をつくっていきました。

法人化するタイミングについても会計士と相談して、売上高が5000万円を超えたときと決めていました。

2015年の売上高は3600万円、2016年には7600万円ほど。5000万円のタイミングから実際には1年遅れてしまいましたが、法人化した2017年度はさらに倍近くに膨れ上がり1億4800万円、2018年には2億6000万円まで跳ね上がっていきました。


この短期間で売上が急激に上がっていったのには、大きく3つの理由があります。

まず「なぜそこまでの需要をつくり出せたか」ですが、1つめは、当時流行り始めていた無料ツールであるSNSを、いち早く活用できたからだと思います。

開業前は、ブログを毎日のように更新することで誰かに見つけてもらおうとしていましたが、ほかのプラットフォームが流行るとどんどん乗り換えていきました。

先に「店」というプラットフォームを乗り換えるということを書きましたが、インターネット上でも同じことをやっていたのです。

ブログからFacebookへ、そしてInstagramへ。

世の中の変化に敏感に反応し、情報発信する場所を変更しながらも、ひたすらやり続けることができたのがとても大きかったと思います。

また、海外のインスタグラマーの影響を受け、写真のクオリティを向上させることにも取り組みました。「山の上」というハンディキャップから、声をあげないと見つけてもらえないという強迫観念に近い感覚もあって、まずは人に見つけてもらうことが大切だと、必死にやっていきました。

そして情報発信に関して、２０１６年に１つの転機が訪れます。

プロのカメラマンの方が「パンを焼きたい」という理由で、時々アルバイトで働いてくれることになったのです。

東京で仕事をされている方でしたが、長野に移住され、仕事の手が空いたときに趣味のパンに携われたらと、応募してくれたようでした。

パンをいっしょに焼きながら、手が空いたときに私がオンラインストアに掲載する商品の撮影を行っていると、時々手を貸してくれましたが、プロの方にアルバイト代で写真を撮ってもらうのはできないので、「もし良かったら、正社員待遇でうちで働きませんか」とお誘いし、半年後に入社が決まりました。

ここから急激に商品や店の写真のクオリティが上がり、SNSでの人気が加速していったのです。

売上が急激に伸びた2つめの理由は、2017年に出した自費出版本『わざわざの働きかた』が、9000部完売の大ヒットとなったことです。

長野県東御市の山の上で事業を行う中で、一番困ったことが「雇用問題」でした。そもそも人口が少ないために、働きたい方と出会えるチャンスが極端に少ない。そのため雇用する際に選ぶことができず、良いマッチングができないのだということに、だんだんと気がついていきました。

そこで「こんな考え方で店を営んでいますが、誰か働きたい人はいますか?」という、採用をテーマにした内容をまとめて、自分で本をつくり、販売したのです。

ビジョンや経営方針なども明確に綴っており、採用条件が本になっているという話題性もあってか、1週間で2000冊ほどが完売し、重版して9000部が完売しました。

『わざわざの働きかた』の巻末には採用条件が書いてあり、この本を読んだ感想文を添えて応募するという仕組みも話題を呼んで、相当数の応募が届きました。

本当に困っていたので、たくさんの応募がきたときは飛び上がって喜びました。このときに応募してくれて入社したエンジニアの方は、現在取締役として働いてもらっています。

ここで労働力をしっかりと確保できたことが大きく、パンの生産量も増え、オンラインストアでの出荷もさばけるようになり、先のSNSで得た需要に対しての供給も行えるようになっていきました。

ただ、このとき掲げたビジョンはまだまだ曖昧なポエムのようで、良い部分と悪い部分があり、のちに大問題となるのですが……（後述します）。

でも、基本の考え方はこのときにはっきりとしました。ビジョンを掲げることの重要性は、この本からスタートしたのです。

3つめの理由は、物流の拠点を確保できたことです。

自宅の店先で始めた事業がここまで急成長するとは思ってはいなかったので、人材の確保とともに困ったのが、物流のための場所の確保でした。

オンラインストアの需要が高まっても、仕入れた商品を保管するスペースが限られているため、商品在庫を持てない状況に陥っていました。

自宅がダンボールに占領されていく一方でしたが、２０１７年についにご縁がありました。近隣で蕎麦の製麺所を営んでいた方が廃業することになり、工場の跡地を貸してくださることになったのです。

すぐにクラウドファンディングを計画して、改装ボランティアを募り、限られた資金の中で倉庫の改修工事を行いました。約１５０坪の大きな倉庫は、私たちのフラストレーションを一気に解消してくれました。十分な量の商品を管理するスペースが確保でき、作業効率が一気に上がっていったのです。

どちらかというと、広報が先行し、需要に対して供給が追いつかない状況が続いていたので、倉庫取得のインパクトは大きく事業を飛躍させました。

在庫量がそれまでの3倍ほどになり、結果、常に十分な在庫を補完できる状態になってロスが減り、売上高が1年で1億円ほど急激に伸びたのでした。

できることを掛け合わせてやってみよう。

パンと日用品の店は、そんなシンプルなスタンスから始まりましたが、それが数億円規模のビジネスになるとは思ってもいませんでした。

ですが、やるべきことをやったらこうなったというだけで、特にその数字に対して感慨深さはありません。

それでも売上が伸びたのは、ひたすら自分の違和感を明確にしていって、「じゃあどうすればいいのか」を考え、1つずつ実行して運営していったから。

それが、「わざわざ」が成長できた理由なのだと思います。

はじめての赤字、その原因

2017年に『わざわざの働きかた』を出版してからというもの、絶えず採用募集に応募が来るようになりました。年に2回の募集時期に30名ほどの応募が来る状況になり、はじめて働く人を選べる立場になったのです。

顧問社労士に相談しながら、労働基準法に基づきつつ、さまざまな要望に応えられるような働きやすい環境づくりに取り組んでいきました。

自分自身、ヒエラルキーが苦手で、フラットな関係性を望んでいるので、できるだけ上下関係のない環境を目指していきました。

たとえば、アルバイトの方は時給で働くため、正社員の方より給与が少なくなりますが、その代わりに自由があるのがいいのではと思って、「自由出勤制」をつくりました。特に理由がなくとも、好きな日にLINEで連絡を入れるだけで休めるというものです。

小さな子どもを育てている主婦の方も、突然お子さんが熱を出しても気軽に休めますし、社内でもそれがふつうなことになっているため、とても好評です。

「チームのことを考えないで休むのはどうかな?」など、倫理観を統一するための研修は行っていますが、今も問題なく運用されていて、「わざわざ」らしい働き方の1つになっています。

また、正社員の方も、理由を申告しなくともカレンダーに入れるだけで有給休暇が取得できたり、フレックスタイム制で出勤時間も自分で調節できたり、さまざまな働き方を選べるようにしています。

これ以外にもたくさんのオリジナルな仕組みをつくり、なかば社会実験のように組織づくりに取り組みました。福利厚生やシステムなども整えながら、フラットに働ける環境づくりに取り組んでいったのです。

さて、応募者も十分に来る中で採用を重ね、働き方の方針も固まりました。

着々と内定者が増え、全国各地からの移住を経て、働きはじめる人が増えていきました。

当初の人手不足の状況から一変し、やっと「やりたいことができるぞ」という雰囲気になっていきます。オンラインストアはこのように運用したらいいのでは。店はこうやって変化させていけばいいのでは。働き方はこのような形で……と、どんどん新しい人たちと新しい取り組みが始まっていきました。

当時は『ティール組織』が話題になっていた時期で、私もその本を読んで、かなり影響を受けていました。やっぱりフラットな組織のあり方がいいんだ、やっていることは間違っていないんだと、自分の考え方を肯定し、どんどん仕事を自分の手から離して、新しく入った方々に振っていったのです。

創業以来ずっと私が焼き続けていたパンも、段階的に技術を習得できる育成方法をつくり、きれいに身を引くことを決意。これが大きなきっかけとなり、今までパン屋の厨房に張り付いていた私が、さまざまな行動をとれるようになりました。

それまで断り続けていた講演会に登壇したり、長期の出張に行って買い付けをしたりして、商品のラインナップを広げることもできるようになりました。またオリジナル商品の開発も活発になり、次第に店の運営や会社の内部のマネジメントまでスタッフに任せるようになっていきました。

この1年間で、ずいぶんと社内の雰囲気が変わりました。パン屋という小さな職場が急速に「会社」になった時期です。

ですが「組織のあり方」が変わっていく一方で、「企業の人格」ははっきりと定まっていない状態でした。法人格がまだ曖昧な状況の中、新しく入ったスタッフは、それぞれの「わざわざ」を思い描きつつ働きはじめる

はじめての赤字、その原因

ことになりました。

今思えば、非常に危険な状態だったなと思います。

法人化する際、会計士さんと話したことが今でも忘れられません。

「個人から企業になるということはどういうことですか？」という私の質問に対して、会計士さんは「個人とは別の人格を新たに持つということです」とお話してくださいました。

人格が別ということは、財布も考え方もまったく別になるということです。同じ人物が経営をしているにもかかわらず、人格として別になるという事実に衝撃を受けたのは覚えているのですが、私は明確な人格を会社に持たせる前に、実務から離れてしまったのでした。

もし持ち場を離れる前に、会社としての人格をはっきりさせ、ビジョンを立てそれを浸透させて、共通の認識を持つような育成手段をとっていたら、また違った結果になっていただろうと思います。

時すでに遅し。意思決定も、基準が曖昧なまま実行されることが増え、社内に少しずつ怠慢やごまかしが増えていきました。なんとなくやっているふうであれば、やっていける……そんな空気が広まってしまったのです。

結果、生産効率が下がり、社内の雰囲気が少しずつ悪化していきました。入社することだけが目的となり、働きながら成長するという意識が欠如していきました。もともと残業をしない社風をつくってはいましたが、当時はただルーティンだけをこなし、時間を潰すように働くスタッフも増えていたように思います。

はじめての赤字、その原因

そして、2019年の決算前に1つの事件が起こりました。

オリジナル製品の生産管理を担当していたスタッフが、自分の予測した数値目標が達成されているように見せるために、数値を改竄《かいざん》して生産管理を行っていたことが発覚したのです。

私が自ら倉庫を調査してデータをひたすら点検していったところ、数値が調整されていることに気がつきました。そして倉庫を探してみると、隠されたオリジナル商品の大量の在庫が発見されたのです。
その年は創業以来、はじめての赤字決算となりました。

2019年の決算書を読み込んでいくと、自分がやったことのすべてが描かれているように感じました。

行動は、常に数字になって翌月に軌跡となって現れてきます。細かく見ていくと、自分が思考して実行したことが一挙手一投足、ここまで数字として連なっていくことを私はそれまでわかっていませんでした。

私がたくさん出張をして外交活動に励んだことで、経費が増えたことは問題ではありません。ですが、マネジメントを他者に丸投げしてしまったことから、仕入れ・生産管理・物流、つまり主にものまわりの部分に亀裂が入っていました。

方針を立てずに出ていったことで権限が曖昧になってしまい、予算もリーダーも不在のまま、肌感覚で生産管理や販売管理が行われているという状況が続いていたのです。

人に仕事を任せた気になっていましたが、文化や風土が醸成されぬままに、方針だけを示してマネジメントを放棄した結果だなと、猛烈に反省しました。

たった2年の間に、急成長を経て内部崩壊した会社。

2億4千万円まで順調に売上高を伸ばしていましたが、2019年にはそこから1千万円の減少となり、はじめての足踏みを経験することになりました。

それを立て直すために、翌年から、大きな改革が始まりました。

自費出版で行った採用がこんな結末になるとは思いもよりませんでしたが、これもまた学びの深い体験になったと、今では思っています。

「わざわざ」とは何か、考えた

信じられないことかもしれませんが、実は2018年まで、「わざわざ」には「予算」という概念がありませんでした。

常にお客様からのニーズが先行している状態が続いていて、需要に供給を追いつかせることが最重要課題だったため、供給さえ整えれば結果がともなってきたからです。

とにかく、できるだけ多くの供給を確保することが必要だったので、予算の概念は必要ありませんでした。

オリジナル商品の在庫数の改竄は、これが1つの原因となっていました。

オリジナル商品は、仕入れた商品と違ってこちら側が売りたいと思う数を作ることができるため、需要よりも供給を増やすことができます。その瞬間に、どうやって供給する数値を決めればいいかわからなくなったのです。

企業の経営フェーズは、どんどん変化していきます。

すでに課題は、生産性を上げて供給することではなく、需要に合わせて在庫をコントロールすることに変わっていたのですが、誰も気がついていませんでした。

そこでまず、予算計画をつくりました。

「何月何日に何が何個売れた」というデータを商品ごとにグラフ化できるシステムをつくり、生産過多になっている月と、供給できていない月を分析。そして、翌年に何を何個生産するのが適当かを予測する。それと並行して、年間の予算計画もつくりました。

1年分の予算を概算して立ててから毎月予算管理をするという、一般企業ではごく当たり前の仕組みをようやく構築することになりました。

そんな中、2020年3月に、新型コロナウイルスによるパンデミックが起こります。

「わざわざ」は、2月が決算月です。赤字決算が出た直後の年の最悪のタイミングでした。私の中では改革方針が明確になり、「さあ、これからやり直すぞ！」という時期だったため、出鼻を挫かれる気持ちです。

そして、体験したことのない脅威の中で、社内の雰囲気はさらに悪化していくことになりました。

バラバラになった社内の中で、1人息巻いたのがオンラインストアです。家から出てはいけないという状況の中で、オンラインストアの注文が急激に増えていきました。

店舗はもちろん閑散としており、緊急事態宣言が出て営業もままならない中、倉庫へ人員を回すことにしましたが、出荷が追いつきません。

倉庫は人員不足なこともあって、急遽そのときに手が空いている人を寄せ集めてつくったチームだったため、ミスも起こりやすい状況になってしまい、ついに私も休日出勤して出荷を手伝うことになってしまいました。

そのときに倉庫チームの状況を把握して愕然《がくぜん》としました。

「なんだこれは?」と思ってしまうほど。

出荷は急激に増えているにもかかわらず、ただルーティン化した通常どおりの対応をしている人ばかりで、誰もこの状況を打破しようとしていなかったのです。

ピンチはチャンスだと、発奮する人もいません。声をかけることも虚しく、自分1人ががんばってもどうしようもない状況だと感じました。

そして「倉庫を移転しよう」と、私は経営チームに提案しました。長野の自社倉庫から東京の外部倉庫に業務委託するという決断を行ったのです。

長野での雇用にこだわり、長野から出荷することで地域の人の働く場所をつくりたいと物流に取り組んできましたが、状況を考え、あきらめることにしました。

ここで倉庫のチームを立て直すという選択もあったかもしれませんが、

お客様にミスを重ねてご迷惑をおかけしている中、今すぐにでも解決を図らなければならないと考えたのです。

選択は、移転の一択でした。

倉庫移転の話を社内で共有すると、「退社する」という人が続出しました。

新型コロナウイルスという特殊な状況の中、働けなくなった人も含め、25人中7名が一度に退社するということになりました。

今までやっていた倉庫業務がなくなること。大勢の退社——。変わっていく会社にフィットしない人たちは、2020年に一斉に退社することになってしまいました。社内に激震が走りましたが、それからは少しずつ、社内の雰囲気は良くなっていきます。

まずは、全スタッフが参加する全体ミーティングをスタートさせ、理念の共有や現状の会社の状況・メーカーの話・出張報告など、多彩な話題を毎週共有する仕組みをつくりました。

幸い、残ってくれた方々のモチベーションは高く、チームの結束力が高くなり、さらに成長は加速することになりました。2019年度に2億4千万円だった売上高は、2020年に3億3千万円へと伸びていったのです。

そして、2021年。

私のミッションは、コーポレートアイデンティティ＝CIを定めることになりました。「わざわざ」のビジョン・ミッション・スピリット・バリュー・スローガンを定め、リクルートを合わせたコーポレートサイトをつくり、企業として行うことを明確にしたのです。

自分たちの会社がどんな人格なのか、CIとして誰にでもわかる形で明らかにしたい。

結果として生まれたのが、こちらです。

Vision（実現したい未来）…………人々が健康である社会へ

Mission（わざわざの使命）………人々が健康であるために必要であるモノ・コトを提供する

Spirit（大切にすべき精神）………全ては誰かの幸せのために

Value（約束する価値）……………わざわざでサービスを受ければ安心

Slogan（わざわざの合言葉）………よき生活者になる

『わざわざの働きかた』では、夢は語れど現実的な部分が足りなくて、ポエムのようにふわふわした採用になってしまったことが失敗の原因でした。

だから今度は理念だけじゃなくて、人柄や仕事などの具体的な部分がフィットする人を雇用する仕組みをつくろうと考えたのです。

人と人の「ふつう」が合うことは、なかなかありません。だからこそ、こちら側の「ふつう」の言語化はとても大切です。そうすれば、私たちに合う人が応募してきて、ちゃんと長く続く採用につながるはずです。

職種も、部署ではなくスキルや一般職に分けて細かく募集することにしました。

コーポレートサイトは、すべてのディレクションを自ら行い、自分で書きました。ですが、この本をお読みいただいてわかるとおり、私の言葉はいささか強い。

そこで、イラストレーターの芦野公平さんのお力を借り、言葉を風刺してほしいとお願いし、サイト全体にユーモラスなイラストを多用しました。自分の言葉をイラストが客観視してくれると、フラットに表現できるのではと思ったからです。

公開されてからは、リクルートにもかなりの応募があり、ていねいに採用活動を行っています。

現在の社内の雰囲気は、過去一番に最高です。

みんなが「仕事が楽しい」と言える状況がやっとつくれるようになったことがうれしいですし、もっと良くしたいと思うばかりです。

「わざわざ」では現在、「人に合わせて事業を伸ばす」という方針で採用活動を行なっています。

事業を伸ばすことよりも、働いている人たちの価値観が合い、健康的に働ける環境を維持したい。そのためにも、今後も細心の注意を払った人事活動を行いたいと思っています。

働きやすい状況をつくっていくこと、活躍できる人や場所を増やすこと。

これが自分のやるべき仕事だなと今は感じています。

もの　かね　ひと　間にあるのは何ですか

私たちには、「わざわざ」の他にも店舗があります。

2019年4月、自宅横に立てた実店舗から車で10分の場所に「問tou」という2つめの店舗をオープンしました。ギャラリー、喫茶、本屋を併設した、「パンと日用品の店わざわざ」ではできなかったことを全部詰め込んだお店です。

これまで「わざわざ」では、自分が実際に使っているお気に入りの商品を集めて販売してきました。現在ラインナップには、調味料や石鹸、衣服、器などの生活必需品を中心に、約2500種類のアイテムが並んでいます。

ですが、10年近くそんな「日用品の店」を営むうちに、だんだんと「必要」という概念に縛られすぎているのではないかと考えるようになったのです。

自分の店で毎週のように買い物をしていると、気がつくことがありました。

「必要」に縛られると、買い物がパターン化するのです。

醤油が切れたら醤油を買って、靴下に穴が空けば買いに行ってと、行動がパターン化して義務化されます。

そう、つまらなくなるのです。

「必要」だけでくると人間、息がつまります。そんな気づきとともに、1つの思いが心の中に湧き上がってきました。

「そのものを買う必要性があるのか」という軸は、人それぞれ千差万別であるということです。

空腹を満たすために食料を買う。靴下に穴が空いたから新しいものを買う。好きな作家の本を買う。部屋に飾るための花を買う。その店に行きたいがためにコーヒーを飲む。人と話したいから喫茶店でお茶をする。

お金を使う理由と場所は使う人々に委ねられているんだなと、気づきはじめました。

世の中には、生きるために必要ではないけれど、あると豊かになるものがたくさんあります。

空間に流れる音楽、壁に飾った1枚の絵、テーブルに活けた庭の花、人を迎えるために玄関に置いた大きな壺、どこかの海で拾った石……。

これらは生きていくために必要ではありません。だけど、どれもなくてはならない、かけがえのないものでした。

「わざわざ」的な必要ではないけれど、これまでずっと自分にとって必要であったものたち。それらを事業に組み込めないかと、密かに考え続けていたのです。

そんなとき、偶然にも「東御市にある公共施設を運営しませんか」という話が舞い込んできました。

公園の中に佇む1つの公共施設で、景観も申し分ありません。そこで、私はずっと構想していた「わざわざ」的ではない必要があるお店をオープンすることに決めました。

そしてさらには、あらためて人々に、お金を誰かに渡すことの意味、物の価値、強いては「人生とは何か」を問いたいと考えたのです。


人は案外、簡単にものを買います。でも、簡単にものを捨てます。そしてまた新しいものを買う。これは果たして、本当に良好な「人ともの」の関係なんだろうか？

「小売業」という業種そのものについて考えることが多くなっていました。

豊かになって、どんどん増えるもの。逆に減っていく人口。そんな中で、これからの小売はどうあるべきなんだろうと。

そんな思いから、お店の名前を「問 tou」としました。

コンセプトは名前のとおり「問う」。ものを買うって何だろう。どういうことだろう。そんなことを問うお店にしたい。

これは「問 tou」の入り口にかけてある言葉です。

私たちが作ったもの
誰かが作ったもの
方々から集めたもの
店はものに値段をつけ
客はそれを買う
もの　かね　ひと
売る　それは店から
客へのひとつの問
問われた客はものさし
持って価値を測る

もの　かね　ひと
世界にはものの数だけ
問いがある
人の数だけ解もある
tou は問う
ものと人とが出会う場所
人と人が話すこと
あえて求めて
皆に問う
もの　かね　ひと
間にあるのは何ですか

「もの　かね　ひと　間にあるのは何ですか」

それが、私が「問 tou」を通して一番問いかけてみたいことでした。店はものを売り、客はそれを買う。そのシンプルな行為の中に、何があるんだろう。そんなことに興味を持つようになっていったのです。

私たちは、フラットか

もの、かね、ひと。

今はそのどれもが歪んでいる時代かもしれません。歪みを逆に捉えれば、すごくおもしろい時代だなとは思いますが。

ものについて言えば、作られ方、流通のされ方、廃棄のされ方まで、トレーサビリティ全体が歪んでいる気がしています。

高度経済成長の頃、日本企業は一気に海外に工場をつくりました。人件費が安く抑えられ、大量に生産できるからという理由が主でした。

そうやって海外で作ったものでも、日本に戻して最終工程だけ国内で行うと「日本製」と表示することができます。

価格は安いのですが国産と明記されているから、ユーザーは喜んでそれを買います。でもそれは、ユーザーからすれば誤解が生じ、厳密に言えば嘘が混じってしまっています。

もちろん、そこでグッと堪えて国内のみで生産している企業もたくさんあります。でも、多くの企業が前者の選択をしています。なぜかというと、率直に「お金がより多く欲しい」からです。

だけど「お金が欲しい」というのは、私にはやはり理解し難いのです。

真に経済的に困窮していて、今すぐお金を手に入れないと生きていけないというのなら理解できますが、単純にお金が「余分」に欲しいというのが目的になると、それが行動原理になり代わってしまい、物事の判断基準がお金になってしまいます。それはむしろ、「人間がお金に使われている感じ」がしないでしょうか。

なにより、そのお金の払い方、もらい方は「等価交換」では決してありません。

私は、あるいは「わざわざ」は、対等であることを何より大事にしています。

フェアであること、フラットであること。人との付き合い方も、お金やものとの付き合い方も、すべてそうあるべきだと思っています。

たとえば、私が大きな会社の社長さんとお話する機会をいただいたとします。

光栄ですし、うれしいことですが、私はその場でいつもすごく「ふつう」を意識しています。緊張もしないし、臆病にもならない。萎縮することもないし、逆に偉そうにすることもありません。ただふつうに、いつもどおりに話すことを心がけています。

目の前の人を「○○会社の社長」として見るのをできるだけやめたい。単なる個人として見ている。だからこそ「この人はどんな人なんだろう」という興味が素直に湧きますし、気負いなく話すことができます。

自分の子どもに対してもそうです。「子どもだから」と上からものを言いたくないし、甘く見たくない。

お金やものでもそうです。相手の方がお金を持っているから力が強いわけではないですし、良いものを持っているからすごい人なわけでもない。

もの・かね・ひと、その間にあるものが常に対等であるということが、とても大切だと私は思うのです。

お金は「何かと交換する」ときに使います。

物々交換でも「何かと交換する」ことはできますが、人によってそのものの重要度が違うため、価値が変動してなかなか難しい。

その点、お金だと「100円」とか「10000円」とか、価値がわかりやすく可視化されています。つまり、お金の役割は「わかりやすく価値を可視化する」ことです。

そもそも、等価交換をするために、私たちはお金というツールを発明したはずです。

結果、今の世の中では、お店は店内にあるものすべてに値段をつけています。だけど、ものの価値を正当に値段に反映しているお店は、どれくらいあるのでしょうか。

安い人件費で働く生産者のもとで作ったものに、高い値段をつけることも可能です。必要もないのに全部買い占めて、本当に欲しがっている人に向けて、正規の値段より高く売りつけることもできます。

なぜその値段なのでしょうか。

反対に安すぎるものがあることにも気がつきます。

なんでこんなに安い値段で買えるんだろう。販売する人、流通する人、生産する人にはどれくらいのお金が入っているんだろう。不当に安い価格なのではないかという疑問が湧いてこないでしょうか。

それでもその価格がまかり通っているのは、「数の暴力」があるからかもしれません。

一気に1万個の仕事が来たら、日々の生活のために受けるのが人の常です。そして、それが今後なくなるかもしれないという不安があったら、ずっと受け続けてしまいます。

それが後で大変なことになると想像できたとしても、それくらい「数の力」、つまり「お金の力」は強いのです。そこには、強い上下関係が生まれています。

そういうことが、つけられた値段から想像できる。そして「じゃあ自分は、このものをこの値段で買いたいか」と、考えることができるのです。

私たちの消費は、私たちの働き方は、私たちの収入は、私たちの立場は、私たちの関係性は、フェアでしょうか。フラットでしょうか。

一度考えてみてほしいです。

そして、そこに違和感を抱えるのであれば、どうか目をつむらないでほしい。こんなやり方もあるよ、こんな考え方もあるよ、というせめてもの例として、私は私の心と「わざわざ」という会社の変遷を書き留めたつもりです。

もっとも正しい「かね」のあり方

生物学者である福岡伸一さんの著書『動的平衡』にこんな記述があります。

「流れ自体が生きているということなのである」

血液が動いて、臓器が動いている。その「動き」自体が生きていることだと書いてありました。

また、福岡さんは「人間は考える管である」ともおっしゃっています。

人は口から何かを取り込んでいると思いがちだけど、本当はただ通過しているだけなのだと。生物学的には、口から食べ物が入って、胃に入り、腸を通って外に出る……その時点では、ただ通過しているだけで、取り込んではいないそうなのです。

厳密に言うと「体内に取り込む」とは、食べ物が分解されて、低分子化された栄養素が血液中に取り込まれたときのことを指し、体内に入ったアミノ酸は、新たなタンパク質に再合成され、新たな情報や意味をつむぎだす。

それを福岡さんは「生命活動」と呼んでいました。

これってなんだか、お金の使い方と似ていると思いませんか。


以前は、お金は「もらうとき」に自分は得をするのだと思っていました。仕事をしたら給料がもらえて、お金が自分のものになる。それで自分の好きなものを買ったり、行きたい場所に行けたりする。だから、お金をもらうことが得。そう思っていたのです。

でも今は、お金はもらったあとに「通過させる」ことこそが大事だと思うようになりました。

自分を介して人に渡す、パスをする。「誰にパスするか」を考え抜いたお金には、とても大事な意味が込められていると思います。

何かにお金を使うとき、「ものを手に入れる」という行動に留めることなく、「ものを手に入れる際に通過する人」のことも考える。自分で汗水垂らして得たお金を、次に誰に渡すかについて、真剣に考えるようになりました。

「金は天下の回りもの」とはよく言ったもので、お金は使ってなくなるものでは決してありません。お金の保管場所が移動していく、循環の仕組みでできています。

欲しいものをある店で買うと、ものと交換したお金はその店に一時的に渡ります。その後、お店はそのお金でまたものを仕入れて、お金は仕入れた先にさらに移動していきます。

単純なことですが、購買行動、つまりお金を渡すことで、その後のお金の使われ方をコントロールすることもできます。よく「買い物は投資だ」

とか「選挙だ」と言われますが、これがその理由です。

企業間になってくると、さらに額が大きくなります。

一度で数百万円とか数千万円、数億円の大金がパスされます。取引が長くなってくると惰性でお金をパスしがちですが、都度「お金を渡すに値するか」を考え直すべきだと思います。


そして、受け取る側としても「お金を受け取るに値する」企業であり続けたいと思います。

売上を増やすことよりも、いかに良く回していくか。

誰に渡せば、どのように使われていくか。

それを考えることが、これからの豊かさをつくっていくのではないでしょうか。

会社を経営する身ではあるし、毎年、売上目標を立ててはいますが、そもそも経済成長をすること自体が良いことなのか、ずっと疑問があります。

それは「ものが溢れている時代に、さらにものを売ることって良いことなのかな」という疑問と、ほとんど同じです。

だから、事業を「広げる」「大きくする」という視点ではなく、「よりお金を回す」「より良く回す」という視点でいつも見ています。「もっとたくさんものを売る」のではなく、「もっと豊かさを深める」「豊かにコミュニケーションする」と言うのでしょうか。

そんな行動をとっていきたいと考えているのです。

お金って、血液みたいだなと感じます。

それが「もの」「ひと」「自分」をぐるぐる回っている。どこか1点だけに集まってもいけないし、滞ってもいけない。その3点の間をお金がスムーズに回っているのが良い状態なのだと思います。

何も考えずにそれを回している人もいるだろうし、意味を付与しながら回している人もいる。体内に何を取り込んでいるのかも、人それぞれです。

でも、ただぐるぐる回すだけではだめなのだと思います。

ちゃんと、「もの」と「ひと」と「自分」に素直に向き合うこと。下手くそでもいいから、きちんと目の前にあるもの、目の前にいる人と対話し、コミュニケーションすること。

そうして使ったお金は、栄養素を運ぶ血液のように、きっと「自分」の中に何か大切なものを取り込んでくれるはずです。


「わざわざ」は、その循環をとても意識しています。

「わざわざ」でものを買うと、自分自身も健康になれるし、その先にある良い生産者さんにお金がきちんと入る。自分が渡したお金が、私利私欲で使われることもない。

その「循環」に対する信頼こそが、「山の上のパン屋に人が集まるわけ」ではないのかなと思うのです。

そして「お金」こそが本来、私たちをフラットにしてくれる最善のツールであり、お金の良い回し方こそが、フェアな状況をつくる一番の方法なのだと思うのです。今はどこか歪んでしまっているけれど。

「問 tou」は最初、「ものに値段をつけない」という方針にしようと考えていました。

「もの」の値段は「ひと」がつけたものだから、その「ひと」をお客様自身にしたいと思ったんです。

「あなたは、いくらでこのものを買いたいの？」と問いたかった。

「お客様が買いたい値段」と「こちらが売りたい値段」、それが一致したときにだけ売買が成立するという方法をとりたいなと考えていました。

それが、もっとも正しい「かね」のあり方だと思うから。

だから「問 tou」の店内には、一部ですが価格のついていない商品があります。それは、お客様が値段を決めて交渉するための商品と考えたのです。

はじめからわかっていたことなど、ほとんどありません。

図らずも、「わざわざ」のあり方に共感してくれるお客様が増えていったから、山の上のパン屋は成立したのだと思います。

私たちが、どこで、何を、誰に売ってお金を循環させるのか考えてきたように、お客様もどの店で、何を買い、誰にお金を渡すべきかを考えている。

そして、2023年1月に、同市内に「わざマート」というコンビニ＋直売所型の新店舗をプレオープンさせました。これまでは山の上で店を営んできましたが、わざマートは県道沿いの車通りの多い場所に位置しています。

販売しているものは、食品・酒類・日用品など1200種類を揃え、コンビニの平均商品数の3000点を目指して増やしています。駐車場は16台分あり、レジシステムも最新式のものを導入し、ほとんど無休で営業しています。今後、弁当類や野菜などの取り扱いも始まり、まさにコンビニライクな「サッと立ち寄り、良いものが買える」店を目指しています。

山の上で、お客さまの要望に応えられないことばかりでした。「わかりにくい」「行きづらい」「迷ってしまう」、そんな声を聞きながらも、どのように改善していくべきか、日々の仕事に対処することで精一杯でなかなか定まりませんでした。

パンデミックを経て、会社の内部の改善をはかり人員も安定して、ようやくニーズに応えられるお店をつくることができる気がしています。

実は、このお店の形は創業して最初のアルバイトさんに、夢として語っていたものでした。その彼女が、プレオープンして2日目に「わざマート」に買い物に来てくれたのです。

「ひさしぶり！　何年ぶりかな？」

おたがいうれしくて、笑顔が弾けました。

「ついにやったね！　言ってたやつ」
「何が？」
「商店をつくるって昔から話してたよ！」
「えっ、そうだっけ？　覚えてない！」

14年前に、私はこの長野の地に、なんでも買える商店をつくると熱く語っていたそうです。この場所には自分たちの好きなものが買える店は、ほとんどなかったから。「こんな形になったんだね」と2人で思い出話に花を咲かせました。

今後、「わざマート」は全国に広げていきたいと考えています。

ちょっとこだわった品をサクッと買える店、敷居が低くて誰でも入れるコンビニのたてつけで、できるだけ多くのお客様が、気軽に安心して買い物できる店。そういう店は都会にはあれど、田舎にはそうそうないのです。

「うちの近所にもあったらいいなあ」を、これから10年で実現させていきたいと考えています。

「わざわざ」にお金を渡しておけばだいたい安心だと。

こんなお店や企業が1つでも増えて、お金の回し方を1人ひとりがきちんと選びはじめると、もしかしたら、私たちの世の中にフラットな関係が増えていくのかもしれない。そんなことを思ったりもしています。

「わざわざ」と「問 tou」は山の上で、とびきりの驚きと新鮮さを。

「わざマート」は通り沿いで、便利で簡単、いつもの身近さを。

閉じた店と開いた店の2つの軸から、みなさんの「よき生活」を支える場所をつくっていきたいです。

全てはその先に「健やかな社会」があるか

ここからは、この先の「わざわざ」がどこに向かおうとしているのかについて、少しだけ書きたいと思います。


私たちは今、ものに溢れた社会で暮らしています。

オンラインストアは便利で必要不可欠なものになっていて、コロナ禍においてはその恩恵をますますありがたく享受しました。

ですが、私にはそれが素晴らしいことだとは思えない部分もあります。

ありがたかったけれども、満足感や幸福感はそこまでありませんでした。

テイクアウトの食事も同様です。実際にレストランで人と向き合い、語り合うことができなくなったことに、目眩を感じたほどです。

その場所に行って手に入れるまでの過程にこそ、価値があったのかもしれません。

そこで買ったものに、その場所の空気や匂い、気温までもが含まれていたこと。楽しい思い出が、その味を何倍もおいしく感じさせていたこと。期待外れであったことも、今では懐かしい思い出になっていること。

過程が失われた買い物は、ただの「ものの移動」でしかないのだと気づきました。


「わざわざ」はオープン当初から、体験価値の高い店づくりを意識しています。

交通の便は悪いけれど、景観は抜群。

店内の商品陳列も工夫していて、至るところにお客様を楽しませるような配慮をしています。そんなお店であるからこそ、多くのお客様に来ていただけていると思っています。

だけど、それはもう終わりです。

なぜなら、みんながみんな、これから体験価値の高い場所をつくって店舗をやろうとするからです。社会的インパクトの強いことが起きると、みんなが一斉に同じようなことを考え、同じようなことに関心を向けていくでしょう。

駅前の商店街が栄えていた時代から、郊外の大型スーパーに人が流れた時代には、画一化された買い物構造が嫌な私のような人間は、独立した個人商店を探して買い物に出かけていました。

インターネット上でもこれと同じことが起こっていて、楽天やYahoo!、Amazonなどの大型モールでの買い物に飽きた人は、個性のある独立系店舗に流れています。

でも、「買い物にはストーリーが必要だ」とか「体験が重要だ」とか、いろんな人が言い出したら、たいていは、その考え方の賞味期限が近づいている証拠です。

そもそもストーリーがない商品などこの世に存在しないし、大きな資本が体験価値の高い場所をつくることにやっきになっていけば、私たちは駆逐されるまでです。

これからは、今までよりもっと深く考えなければなりません。

ものが溢れたこの世の中、もうみんな「ものを買うこと」に飽きてきているなとさえ思います。

じゃあ、「わざわざ」はどうしていくべきなのでしょうか。これからの「買い物」はどうなっていくのでしょうか。

正直、これといって変わったことを考えているわけではありません。だけど、これまで以上に「どこで買うか」が重要になると考えています。それはつまり、企業側が「私たちは、どういう会社であるか」をこれまで以上に問わなければならないということです。

サステナビリティやSDGsを意識することはふつうのこととなり、トレーサビリティや環境問題を考えることも社会標準となってきています。同じ商品を売っている企業が2社あった場合、その企業がいかに環境を保護する活動をしているか、社会に貢献しているか、倫理的に行動しているか、などで判断される時代です。

アメリカではすでにそういった企業の認証が始まっています。

アメリカの企業認証である「Bcorp」は、従来の株式会社の利益追求の思想から離れ、新たな利益を追求するものです。環境・法規・労働者・地域・顧客という5つの独自基準があり、その5つで高水準を得ることが良い会社であるという定義です。アウトドアブランドの「パタゴニア」をはじめ、化粧品の「Aēsop」など、世界中で5000を超える企業が認証を取得しています。

「わざわざ」でも現在取得を目指して審査待ちで、2023年3月現在、認証間近となっています。

日本では、2050年にはカーボンゼロを目指すという目標が立てられています。

これは守るべき定量的数値でもあるとは思いますが、今後の状況次第では、企業の CO_2 排出量や取り組みを開示させられたり、結果によっては、社会的制裁が下されたりすることもあり得るかもしれないと思っています。


こうしたトレーサビリティや環境問題というのは、あくまで一例です。

時代が変容すれば、考え方も法律も変わります。

考えるべきは、昔は誰も気にしていなかったことが、いつしか誰もが気にすることに変わり、それが法律になることもあるということです。

会社として、社会にどう良い影響を与えることができるか。


法人化してすぐは、何かを決断するとき「うちのためになるかどうか」で判断していたところがあります。

もともと1人で始めた事業ですし、関係性といえば「私」と「お客様」

か「私」と「スタッフ」しか認識していませんでした。でも少しずつ組織が大きくなって安定してくると、次は「わざわざ」と「社会」という関係性に視点がシフトしていきました。

「目の前にいるお客様に、なるべく良い選択肢を、なるべく押し付けない形で提供する店にしよう」と始まった「わざわざ」。

そのビジョンの本質は、今もずっと変わっていません。ただ組織が大きくなってからは、「世界中の人々が健康的に暮らせる社会になるために、役立つことをしたい」という、もっと大きなことを考えるようになりました。

ただパンや日用品を売るのではなく、その先に「健やかな社会」があるということを。

今、「わざわざ」がとる行動が社会のためになるか。社会にどう接続すべきか。

そんなスタンスのもと、どうあるべきかを考えていきたいです。それが、お客様に選ばれる理由にもなるはずですから。

これからの「わざわざ」が提供するもの

会社として大きくなりたいというような考えは、今も昔もまったくありません。

自分がやりたいと思うサービスが1人では実現できないから誰かに手伝ってもらっているだけで、そうしたらより多くの方に喜んでいただけるようになって、その結果、「大きくなっちゃった」ということを繰り返している感じです。

サービスを立ち上げて、フィードバックをもらって、さらに改善をすれば、喜んでくださるお客様がまた増える。「売上を増やしたい」という考えはさらさらなく、それを実現できる適正な売上があり、適正な人数がいれば、それでいいと思っています。

そして、ものを売って生計を立てている身ではあるのですが、正直なところ、もうものを売らなくてもいいんじゃないかとも思っています。

これだけものが溢れている時代に、まだものって必要なのかな。「ものを買いなさい」って言うのは正しいことなのかな。そんな問題意識をずっと抱えているのです。

でも、「わざわざ」は売上のほぼ100%が小売だから、何かを売らないと生計が成り立たない。ものがなくてもいいって私自身思っているのに、ものを買いなさいということに対してはすごく抵抗があって、それならば、「ものじゃないもの」を売れないだろうかと考えて、「わざわざ」では今、ある施設をつくっています。

買い物において、現状「わざわざ」のお客様は「ものを買う」という体験しかできていません。ですが今後は、その前後にある「ものを買う前」と「ものを買った後」につなげていきたいと考えています。

たとえば、購入前に食べられるとか、購入前に着られるとか。購入後10年経ったものが見られるとか、触れるとか。もしくは、買ったあとに修理ができたり、ケアができたり、その仕方を教えてもらったり。

一度買った靴をずっとピカピカに履けるような、色あせたシャツを染め直してまた楽しめるような、そんな「1つのものを大切にし続けるためのサービス」をできないかなと計画しています。

一番お金が回るやり方は、どんどん買って、どんどん捨てる、そうやってものをぐるぐるとハイスピードで回す方法です。

でも、私は価値あるものを末長く使いたいし、そういうものに出会える店で買い物がしたい。だから「わざわざ」もそういう店にしたいのです。

私たちはそんなショールームを「よき生活研究所」と名付けました。

２０２３年、倉庫跡にオープンしたコンビニ型店舗「わざマート」の隣に、その研究所を建設中です。

もう「買う」という選択をしなくてもいいですよという場所です。

そこでは、入場料をいただいて「少し生活してみる」という場所を提供します。

「よき生活研究所」は家の形をしています。玄関からキッチン、リビングルーム、ダイニング、書斎、ランドリールームなどの生活空間が広がっていて、その中で思い思いの生活を描くことができる施設となっています。

たとえば、１人の方が洗濯物と仕事道具を持って「よき生活研究所」にやってきます。

まず入場し、ランドリールームに設置されたコインランドリーに洗濯物を放り込みます。そしてキッチンに行って湯を沸かし、お茶を淹れ、書斎に行って仕事をする。仕事がひと段落したら洗濯物もできていて帰っていく。

たとえば、友人といっしょに編み物をしたいという人が待ち合わせて、ダイニングルームでお茶を飲みながら編み物をして過ごす。たとえば、「わざわざ」で売っているドライヤーを使ってみたいと体験してから店舗で購入する。たとえば、汚れてしまった革靴を自分で磨くために「よき生活研究所」にやってくる――。

家をどのように使うかはその人の自由です。それぞれのよき生活を探すためにここにやってくるのです。


「よき生活」と謳ってはいますが、それが何かは明示していません。「よき」って、人によって全然違うのです。

たとえばベジタリアンと非ベジタリアンでは、「よき」がまったく異なります。それぞれの正しさもあります。でも、「よき生活」の条件で1つだけ共通していること。それは、「できるだけ健康が保たれていること」

ではないかなと思います。

身体の消化機能が正常に働いているから、おいしくごはんを食べることができる。足腰が丈夫だから、大好きな山登りに毎週行くことができる。恋人や家族、友人と過ごす大切な一日も、健康であるからこそ育まれる。ただ、やはり「健康的」であることも人それぞれです。

強靭な肉体の持ち主ならば、たくさん食べてたくさん動くのが健康の条件でしょう。でも、体力のない方がそれをしたら、倒れてしまいます。また、子どもにスナック菓子を食べさせたくないお母さんにとってはそれを禁止することが「健康的」ですが、友達とわいわい楽しんでお菓子を食べられないことは、子どもにとって果たして「健康的」なのでしょうか。

このように、「よき」と同様、「健康」に対するスタンスも、人によって異なっています。

人それぞれの「よき」が存在していて、「健康」が存在している。何が自分にとって正しいのか、その尺度自体、1人ひとりが決めることです。

だから「それぞれの価値観をもって、それぞれの健康を目指しましょうね」と伝えたい。

そんな「健康」でいられるための環境をつくるもの、「健康」を形づくる食品を、単なる小売業ではなく「伝え手」として届けていきたいと思っています。

そしてその背景で、健康的な労働環境で作られているものか、持続可能性のあるものか、環境負荷をかけていないかなどのトレーサビリティを調査して、お客様に提供していきたい。それがお客様にとっての「よき生活」をサポートすると信じています。

これからの「わざわざ」が、ものの替わりに提供するのは「安心」かもしれないと思うのです。

パンを2種類にしたときも、なぜ2種類にしたのかをわかってくださるお客様がずっと通ってくださいました。

そのときと同じように、「お客様や社会のために良いことをしたいんだ」という思いをずっと表現し続けていれば、きっと誰かが見つけて愛用し続けてくださると信じています。

一方で、ただコツコツとやり続けて待っているのではいけないとも思っています。社会の角度を1ミリでも変えたいと思うなら、影響力も少しは持たなくてはいけません。

もっと人前に出て、PRをきちんとして、広報して知ってもらう努力。つまりマーケティングも貪欲にやらなくてはいけません。

これまではどちらかというと受動的に見つけてもらうことを期待していましたが、そのフェーズもそろそろ終わらせようと思っています。

「よき生活研究所」も、すぐにはお金にならないと思います。それでも「なぜやるか」と聞かれたら、ビジョンの実現に向かっていく1つの形を示したいからです。

この施設をつくることで、行動の一貫性が増し、顧客の信頼を得ることができるかもしれません。社会貢献するために売上は追わないという選択肢も、ありなのではないかなと思います。

それが巡り巡って、いつか売上になる。選ばれ続ける理由になる。そんな社会になってほしいと思うし、私たちはそんな社会で生きていきたい。そのためには、自分たちから動いていくべきだと思うのです。

「よき」はそれぞれ

さて、これまで書いてきたとおり、法人化した2017年以降の自分自身を取り巻く状況は、変化につぐ変化の連続でした。

パン屋の厨房にこもって仕事をしていた状況が一変し、講演会に呼ばれて遠くの辺境地に行くことが多くなったりと、仕事の種類も質も、どんどん変化していきました。

2018年にnoteで書いた「山の上のパン屋に人が集まるわけ」というブログがこの本のタイトルの元になっていますが、そのnoteの反響はとても大きく、個人的にも注目が集まりました。

その結果、私自身の心身を健全に保つことの難易度がどんどん上がっていったのです。


スーパーに行って買い物をしていると、「わざわざの平田さんですよね?」と話しかけられます。出張中に自分の居場所をTwitterでつぶやくと、ファンですという方が来てしまうこともありました。自分自身は変わったという認識がなかったので、状況が変わってしまったことになかなか気がつくことができませんでした。

だんだんと「自分は公人である」と認識して、いつも「わざわざ」らしい立ち振る舞いをしなければならないと思うようになっていきました。

「わざわざ」さんならば、いつも着心地のいい素敵な服を着ているだろうし、背筋は伸ばしていたほうがいい。美容院に定期的に通って髪もきちんとしたほうがいいだろうし……。とにかく「らしく」していたほうがいいと思いました。

すると、だんだん自分がわからなくなっていきました。

これは自分らしさなのか、「わざわざ」らしさなのか。いつもどこか取り繕っていて、本来の自分とはかけ離れていくような気持ちになっていったのです。

どこかでプチンと音がしたような気がしました。

そして気がついたら、休みの日に不動産屋を周るようになっていたのです。1人でいられる場所と時間が欲しい。でなければ、自分が自分でいられなくなってしまうと、仕事に邁進しながら、いつもそんなことを考えるようになっていきました。

平野啓一郎さんの「私とは何か」という本の中に、分人主義という言葉があります。

自分の中にもいくつもの人格がいて、好きな自分を出させてくれる人とは付き合い、そうでない人とは付き合わなくていいという割り切った考え方が、とてもいいなと思いました。私も自分の中の分人を大切にしたい。分けたい。分ければ楽になるだろうという、漠然とした気持ちが沸き起こりました。

そして、会社と個人とを明確に分けるためには、まずは家という環境を変えるべきだろうと思ったのです。

自宅の横に店舗をつくったことに起因して、家の周りには常に人の出入りがあり、当時はまともに睡眠することもできなくなっていました。そこで家を出る決意をしたのが、2019年のことです。これがきっかけで徐々に睡眠時間も増え、心身が健やかになっていきました。

現在は1人暮らしをしており、毎週末、子どもが遊びにきます。最初は末娘が、普段私が家にいないことを「なぜだ?」と問い詰めてくることが多かったのですが、毎回きちんと向き合って説明してきました。今は「家が2つあっていい」と、それが彼女の「ふつう」になったようです。週末はお母さんの日。そのときは、一切の仕事をせずに子どもと向き合って遊んでいますが、毎週末が楽しみで仕事もがんばれます。

「よき母親とは何なのか」という一般定義からは、外れているかもしれません。

ですが、仕事と生活の線を「人格」と「住まい」という2つの面から引くことで、心が穏やかになり、子どもに対しても、よき母親でいられるようになった気がします。

子どもといるときは「お母さん」という人格だけになり、子どもに対して接します。それは、子育てに邁進するというよりも、きちんと人として会話をするということです。育てている意識はありません。助け合って生きている感覚です。

今日は何しようか。疲れてるから温泉行きたいな、いいねぇ〜。家が少し荒れてるから掃除をいっしょにして手伝ってくれない？　いいよ。今日は元気だから何でも好きなことに付き合うよ、じゃあ、ピクニック行こうよ！

子どもといっしょに話し合い、折り合いをつけながら、いっしょにいて楽しいことを探していきます。

ともに笑顔が増えました。結果的に、自分や家族にとって良い選択だったのではと考えています。世の中の「よき母親」とは違うかもしれませんが、それでもかまいません。これが私たちの、家族の「よき」形なのです。

さらに、ＣＩをつくった２０２１年に、会社の人格を定義することができ、個人の人格と会社の人格を完全に切り分けることに成功した気がしています。

結果的に今は、また自分と「わざわざ」の人格が似てきているような気もします。

今の私は、「わざわざ」さん的な振る舞いをする自分が好きですし、無理もしていません。そういう自分が真の自分になることを望んでいます。背筋を伸ばし、美しい姿で立っている、老いた自分になりたいです。

「わざわざ」のスローガンは「よき生活者になる」です。

そしてこの言葉は、「わざわざ」が考えるよき生活をみなさんにしてほしいという意味ではありません。

みなさん自身が考える「よき生活」をつくるお手伝いを「わざわざ」がしたい、応援したいという言葉なのです。

これは、私の経験から出た言葉に違いありません。私自身が私自身の「よき生活を決めて歩いていく」という決意の現れでもあるのです。

おわりに

「平田さんが書かないっていうのはありですかね」
「えっ、そういうのもありなんですか？」

編集チームからのご提案に、うれしそうに答えたのは私です。

創業してから毎日ひたすら言葉をつづり、インターネットの中で「私はここにいるよ！」と叫んできました。

そのうちに、話すより文章を書いたほうが自分の気持ちを楽に人に伝えられるような気がしてきました。話すことは、書いたことよりも曖昧で、受け取られ方もさまざまです。自分の真理を伝えるには、文章がいちばんだと思い込んでいました。

ですが、いつしか考え方がどんどん変わってきました。人は聞きたいように聞く話しても書いても、受け取り方は人それぞれ。人は聞きたいように聞くし、読みたいように読んでいる。だったら、自分の言葉を受け取ったままに書いてくれる人に、書いてもらえばいいだろう。自分で言葉を選ぶことに時間を費やして書くよりも、そちらのほうがいいだろうと思ったのです。

そして、自分で書くという選択をあっさり捨てたのです。

この本は、サイボウズ式ブックスから2年半前にお話をいただき、数時間のインタビューを5回ほど繰り返し録音したものを、ライターの土門蘭さんに書き起こしていただいた原稿がもとになっています。そこから編集チームで内容を精査しながら、つくり上げていきました。

ミーティングや現地取材を繰り返し、数えたら現時点まで24回の逢瀬を重ねています。最終的には自分でも多くの加筆修正をしましたが、自分が書いた本というよりも、チームでつくり上げた本という気持ちでいっぱいです。

自分の話を聞いて書かれた本には、自分が思いもよらなかった視点が描かれており、驚く部分が多かったです。

自分がさほど重要だと思ってなかったことが話の中心になっていたり、おもしろいと思って話したことが削られていたり。

チームのメンバーが、この本で何を伝えるべきか多様な視点を持ち、編集したことで、自らも予想のつかない本になっていったのです。

私の興味が散漫で、やっていることも考えていることも膨大で、話すことが多岐に渡るので、「何を主軸とした本にするか」という方向性も何度も変更になりました。

推敲を重ねた末に「向き合う」「ふつうをふつうだと思わない」「自分で考える」そんな軸ができました。まとめ上げてくださった編集チームのみなさまには、感謝が尽きぬ思いです。

2種類のパンを売るようになってから、自分がこだわり抜いて作ったパンを、そのまま食べる人はほとんどいませんでした。ジャムやバターを塗り、思い思いの形で、みなさん楽しんで召し上がっている様子が見てとれました。最初はそのまま食べてほしいと思っていたのですが、自分の手元を離れたらどう料理されてもよい、楽しんでほしいという気持ちに変わりました。

この本をつくり終えた今、心に浮かぶのはそれと同じような気持ちです。

私の人生の切れ端と呼べるようなこの本を手に取って読んでくださったみなさまに、何を伝えられたかはわかりません。

本に書いてあるとおり失敗の連続で、今もその最中におり、毎日失敗と修正を繰り返しながら、今よりも良くなろうと必死に生きています。